これからを考える

デジタル
マーケティングの
教室

カティサーク
押切 孝雄

―

著

マイナビ

本書のサポートサイト

本書の補足情報、訂正情報を掲載してあります。適宜ご参照ください。
https://book.mynavi.jp/supportsite/detail/9784839974565.html

はじめに

大学生が200万円を稼いだ

「先生、ネットショップで200万円の売上になりました！」

男子学生が報告にやって来ました。

中小企業から上場企業までのWeb戦略と実装に携わり、一緒に成果をあげる仕事をする傍ら、複数の大学にて「デジタルマーケティング」に関する講義を担当するようになって10年以上となります。そんな中、ある大学の講義が終わったときの1コマです。

よく見ると、前年に講義を受講していた学生でした。

多くの学生がいる中で、その学生のことを覚えていたのは、その学生がECサイトを運営しており、前年度の講義で何度かアドバイスをしたからでした。それから1年が経ち、売上が200万円を越したとのこと。大学生のうちに自力で数百万円を売り上げたという経験は得難いものです。

お金も重要ですが、そこで経験したことはお金以上の価値があります。

売れる仕組みづくり（マーケティング）はもちろんですが、リアルの商取引では数々のハードルがあります。それらを乗り越えたことが大きな経験です。

稼ぐ力のある社員は多くの企業で求められています。

その学生は企業とのやり取りや交渉力など、ビジネスに必要なスキルを十分に身に着けていますので、企業にとっても魅力的な人材となるでしょう。

自然と売れる仕組み（マーケティング）で成果を出す方法

本書の目的は、デジタルマーケティングの視点を身につけることで、売れる仕組み、稼ぐ力を身につけることです。

ただし、多くの人や企業はツールを追いがちです。Instagramが流行ればアカウントを運用し、YouTubeが流行ればチャンネルを運営します。

しかし、成果を出す学生や企業は時流（ツール）を活用するだけではありません。マーケティングの基本を押さえています。

マーケティングの基本とは、マーケティング4.0の「5A」や顧客の行動心理モデルを理解して応用することです。一方で時流とは、Society5.0やSDGsといった社会の大きな流れと、今世の中で利用されているYouTubeやInstagramなどの影響力を持つツールのことです。

「基本」は活用できるスパンが長く、10年、20年単位で変わらないものです。そして、「時流」のツールは数年単位で変わっていきます。どちらか一方では成果が出ず、車輪の両輪のように両方が必要です。

2020年代初頭には、InstagramやYouTubeが最盛期を迎えていますが、2030年にはどのツールがメインとなるのか、まだ誰にもわかりません。

本書の目標は、マーケティングの考え方と手法を理解して実践することで、今後10年間、あなたが圧倒的に成功できるようになることです。

本書では、この「基本」と「時流」を木の幹と枝のように展開しています。
大学の講義を模しており、第1講からはじまり、12講まであります。
マーケティングを学ぶ消費者視点と、企業の担当者としてデジタルマーケティングを使う人の視点の両面を織り交ぜながら進行していきます。

本書で紹介しているフレームワークやツールで参考になる点がありましたら、ぜひ実践の場で1つでもご活用いただけましたら幸いです。
それでは第1講をはじめていきましょう！

押切孝雄

人はなぜ、商品やサービスに魅了される
のでしょうか？　その理由はブランドや商
品の持つ「世界観」をはじめ、いくつも
の要素があります。本書では、マーケ
ティングの進化をおさえた上で、消費者の
行動心理モデルAISAREという切り口で、
その謎を１つ１つ解き明かしていきます。
さらに、企業として、どのような手順で世
界観をつくりマーケティングをしていった
らよいかがつかめるワークも用意していま
す。この本を読んでマーケティングの世
界を理解していきましょう。

Society5.0

情緒的価値

第 **1** 講

DX

マーケティングって
なんだろう？

マーケティング
フレームワーク
AISARE

A	Attention
I	Interest
S	Search
A	Action
R	Repeat
E	Evangelist

SDGs

- ■ マーケティングとデジタルマーケティング
- ■ AISAREから見るマーケティング理論
- ■ マーケティングに必要となる新たな視点

マーケティングとデジタルマーケティング

まずはマーケティングについて、もっとも重要なポイントを押さえておきましょう。
本書ではマーケティングを「自然と売れる仕組みづくり」のことと定義します。「売れる」ということは「人気がある」ということです。「自然と売れる仕組みづくり」は「自然と人気になる仕組みづくり」と置き換えてもかまいません。人気のあるタレントのことを「売れっ子」と言うことがありますが、人気というのはつまり売れるとも言い換えられます。その人の評価や評判がお金になると考えるとわかりやすいでしょう。

例えばInstagramやTwitterにおけるフォロワーの多さは、わかりやすい人気のバロメーターです。InstagramやTwitterではフォロワーを多く抱える人が、好きな商品やサービスを紹介することで、その投稿を目にした人が同じような商品を購入してくれることがあります。これは人気＝売れっ子の影響力で、購買層に直接、買ってくれとお願いをしなくても自然に売れていく仕組みがつくられているのです（このあたりについては第10講で詳しく紹介します）。2020年代の現代においては、売上だけがすべてでなく「評価」も無形資産としてお金に似た性質を持つようになりました。

それではデジタルマーケティングとは何のことでしょうか。
一言でいえば、デジタルマーケティングとは、顧客満足度を高めた上で「デジタル技術を活用して売れる仕組みをつくる」ことです。
2010年代のデジタルマーケティングは、Webを活用して売れる仕組みをつくる「Webマーケティング」を内包した、大きなマーケティングの中の1つの概念でした（P011の図1-1、2010年代を参照）。

MEMO

実はマーケティングの定義、人や団体によってさまざまです。
コトラーは『コトラー＆ケラーのマーケティング・マネジメント 第12版』のなかで、ニーズにこたえて利益を上げることと定義し、ドラッカーは『マネジメント（エッセンシャル版）』にてセリング（売り込み）を不要にすることと定義しています。

マーケティングとは売れる仕組みづくり

デジタルマーケティングとマーケティングの融合

図1-1　デジタルマーケティングの変遷

しかし2020年代に入り、デジタルマーケティングはオンラインとオフラインが融合した、つまりこれまでのマーケティングとデジタルマーケティングの垣根を越えた1つの概念へと発展しています。年代ごとに詳しく見てみましょう。

MEMO

英語圏でははじめからWebマーケティングという言葉はあまり使われず、デジタルマーケティングという言葉が用いられていました。

1990年代

1995年にWindows95が発売されて、商用インターネットが爆発的に発達していきました。このときの主流はパソコンでアクセスするWebサイトです。ホームページをつくって、主にGoogleやYahoo!などの検索エンジンからユーザーを集客するものでした。当時はWebマーケティングとかインターネットマーケティングと呼ばれ、従来のマーケティングと区別して論じられることが多くありました（P011の図1-1、1990年代を参照）。伝統的な従来のマーケティングに対し、新たなWeb技術を用いて行われるマーケティングは、別物として捉えられていたのです。

2010年代

2010年代になるとスマートフォンが普及し、インターネットへの接続はパソコンからスマートフォンへと移ってきました（図1–1の2010年代）。肌身離さず持っているスマートフォンとSNSの相性はよく、これらのツールを活用したデジタルなマーケティングが発展していきました。デバイスも、パソコンやスマートフォンだけでなく、タブレットやスマートウォッチなど、さまざまなデバイスがインターネットにつながりだしました。さらに、洗濯機やエアコンのような家電もネットにつながり、IoT機器のラインアップが増えていきます。この頃には、単にWebサイトを利用しただけのマーケティングでなく、さまざまなデジタル機器を介したマーケティングがおこなわれるようになりました。複数のツールを活用して、成果を上げる「デジタルマーケティング」の時代へ変容したのです。日本でもデジタルマーケティングという言葉が定着しました。

 調べてみよう

デジタル機器を介したマーケティング❶ BtoCの事例

日本コカ・コーラが提供する「Coke On」アプリは、自動販売機とスマホを接続し、ユーザーが飲料を購入するごとにスタンプがたまる仕組みになっています。ユーザーは、集めたスタンプで好きなドリンクを無料で交換できる他、ポイントを利用してキャンペーンに参加することなども可能です。これまで単体で存在していた自動販売機が、ユーザーのスマホと連携することで、顧客データに応じたキャンペーンを案内することができるようになるなど、デジタル技術を活用して売れる仕組みづくりを構築しました。
https://c.cocacola.co.jp/app/

2020年代

2020年代になると、デジタルマーケティングは当たり前の時代になりました（図1-1の2020年代）。逆にデジタルを一切使わない、伝統的なマーケティングだけでマーケティング活動を完結するということは極めてまれです。中にはWebサイトも持たず、SNSも使っていないという昔ながらの飲食店もあるかもしれません。しかし、お店側はデジタルを活用していなくても、お店を利用するお客さんは食べログやRettyグルメの口コミを見て参考にしたり、Googleマイビジネスで顧客が投稿した店内写真を見て来店を決めたりするなど、今やデジタルと完全に無縁でいることは難しいのです。

日本の広告も2019年にWeb広告がテレビ広告を抜いて1位になりました。テレビ広告を小さな企業が打つのは予算的に難しいかもしれませんが、Google広告などのWeb広告であれば中小企業でも広告を出すことは比較的簡単です。費用対効果を考慮しながら、決められた予算の中で成果を上げることができます。このように現代のマーケティングには、常にデジタルが絡んできます。マーケティングとデジタルマーケティングが融合した、またはデジタルマーケティングがマーケティングを飲み込みはじめたというのが2020年代です。オンラインがリアルと融合していくOnline merges with Offline（OMO）の世界が現実に広がっています。

—

「マーケティング」「デジタルマーケティング」「Webマーケティング」「OMO」……本書でもたくさんの用語が出てきますが、時代によって使われる用語や意味合いは変化します。本書を読むあなたには、マーケティングの本質を知ることで、時代が変わってもそれに対応できる力を身につけていただきたいと思います。

 調べてみよう

デジタル機器を介したマーケティング❷ BtoBの事例

業務用のプロパンガスにIoTが活用された事例があります。コインランドリーなどに設置されているプロパンガスの交換日は、前回交換からの日数を目安に算出されていました。しかし、長雨などにより需要が急増した場合、予定日より早く、ガスが切れてしまうことがあります。この事態を解消するため、プロパンガス本体にIoT機器を取り付けることで、残りのガスが半分を切ったタイミングで、信号がプロパンガス会社へ送信されるようになり、ガス利用が急激に増えた場合でも、適切なタイミングで交換することができるようになりました。

マーケティング1.0からマーケティング4.0へ

時代を読んだマーケティング感覚を身に着ける上で、マーケティングの歴史を知ることは欠かせません。フィリップ・コトラーによるマーケティング理論はマーケティングのこれまでとこれからを知るために最適な理論です。
コトラーはマーケティングの段階を1.0から4.0に分けて分析しています。

マーケティング1.0　製品中心のマーケティング

1950年代のアメリカで生まれたマーケティング手法です。いかによい製品をつくり、アピールするかが重要とされました。モノが十分になかったため、良質なモノやサービスをつくることを競争した時代です。目的は製品を販売することでした。

マーケティング2.0　消費者志向のマーケティング

1970年代以降の顧客満足に焦点をあてたマーケティング手法です。すでに、ある程度の品質を担保したモノが存在した時代のため、同じような製品をつくる他社との競合関係も強くなってきました。そこで、商品のポジショニングや差別化をおこない、消費者のニーズにフォーカスするようになったのです。目的は消費者を満足させてつなぎとめることでした。

MEMO

「3i」は、brand identity（ブランド・アイデンティティ）、brand integrity（ブランド・インテグリティ）、brand image（ブランド・イメージ）の3つによって構成されているコンセプトです。

出典：『コトラーのマーケティング3.0』（フィリップ・コトラー他 著　朝日新聞出版）

	マーケティング1.0	マーケティング2.0	マーケティング3.0	マーケティング4.0
ひとことで言うと	製品中心の マーケティング	消費者志向の マーケティング	価値主導の マーケティング	人間中心・自己実現の マーケティング
目的	製品を販売すること	消費者を満足させて つなぎとめること	世界をよりよい 場所にすること	顧客の自己実現を 商品やサービスを 通じて助けること
マーケティング フレームワーク	マーケティングミックス （4P）	ポジショニング セグメンテーション ターゲッティング	3i	5A
消費者との交流	1対多数の取引	1対1の関係	多数対多数の協働	多数対多数の共創 （コミュニティ）
年代	〜1960年代	1970〜1980年代	1990〜2000年代	2010年代〜

マーケティングの遷移
出典：コトラーの『マーケティング3.0』（2010年）と『マーケティング4.0』（2017年）を元に作成

マーケティング3.0　価値主導のマーケティング

価値主導のマーケティングとは、企業のミッションやビジョンといった存在価値に焦点をあてた手法のことです。例えば、フェアトレードの商品を購入することで社会貢献ができるとか、その企業がどのようなビジョンで活動しているのかといったことが求められます。目的は世界をよりよい場所にすることです。

マーケティング4.0　人間中心・自己実現のマーケティング

マーケティング4.0の目的は、顧客の自己実現を商品やサービスを通じて助けることです。企業は、サービスや商品を通じて顧客の自己実現欲求に訴えかけていきます。顧客は単なる商品やサービスの提供以上の価値をブランドに見いだし、そのブランドの価値を他者に広めようとします。

マーケティング3.0以降の変化　未来に向けたビジョンと世界観の共有

「マーケティング1.0」の時代には、商品そのものが市場に出回っていない時代だったため、つくれば売れるという時代でした。続く「マーケティング2.0」では、市場に商品が飽和してきたものの、顧客を重視することで商品が売れた時代でした。まだ「お客様は神様」だった時代ともいえます。図1−2のように、マーケティング2.0まで、企業は消費者の方向を向いてビジネスを展開していました。

それが「マーケティング3.0」以降、大きく変わりました。企業が目指すビジョンと世界観が重要視される段階に入ったのです。企業はビジョンに沿ったモノやサービスを提供します。その世界観に共感した顧客に購入されることで、企業と顧客は一体化し、同じビジョンに到達しようとします。

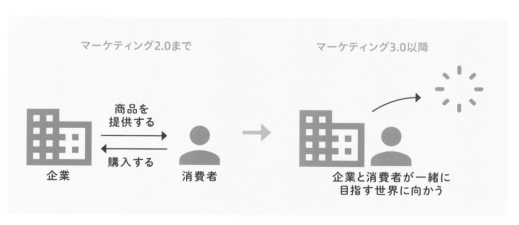

図1-2　企業と消費者の関係性

消費者行動心理モデルとAISARE

2020年代はすでに「マーケティング4.0」の時代に入っています。コトラーは消費者の行動心理モデルとして、2016年に出版した『Marketing 4.0』（フィリップ・コトラー他 著　Wiley）にて「5A」という概念を提唱しました。「5A」とは、消費者が商品やサービスを認知（Aware）してから、訴求（Appeal）し、調査・検索（Ask）し、行動・購入（Act）して最終的に推奨者（Advocate）に至る流れのことです。このように、商品を知ってから購入に至るまでの消費者の心理と行動を細分化して、概念化したものを消費者行動心理モデルと言います。

消費者の購買行動を分析した行動心理モデルは、5Aの他にも多く存在します。たとえば「AIDMA」は1920年代のアメリカでサミュエル・ローランド・ホールが提唱したモデルです。AIDMAでは、消費者が何かを購入するときの流れを「Attention（注目）→ Interest（興味・関心）→ Desire（欲求）→ Memory（記憶）→ Action（購入）」に細分化しています。

A	Attention（注目）	なんだろう？
I	Interest（興味・関心）	面白そうだな
D	Desire（欲求）	欲しくなってきた
M	Memory（記憶）	買おうかどうか
A	Action（行動・購入）	よし買おう！

調べてみよう

他にも消費者の心理行動モデルがあるか調べてみよう。

例：「AIDMA」と同様に、古典的なモデルとして「AIDA」が特に米国では広く知られています。「AIDA」は、広告・販売のパイオニアであるE・セント・エルモ・ルイスによって提唱されました。「Attention（注目）→ Interest（興味）→ Desire（欲求）→ Act（行動）」とシンプルな流れで構成されています。

「AISAS」は電通が2004年に発表したモデルです。インターネットの時代になったことで検索と共有が追加されました。このように時代や消費者の意識の変化、テクノロジーの進化によって、消費者の行動心理モデルは変化しています。

A	Attention（注目）	なんだろう？
I	Interest（興味・関心）	面白そうだな
S	Search（検索）	調べてみよう
A	Action（行動・購入）	よし買おう！
S	Share（共有）	クチコミを書いておこう

AISARE

筆者も、2008年に出版した『Googleマーケティング』(技術評論社)にて「AISARE」という消費者行動心理モデルを紹介しました。「AISARE」は、『Webマーケティング集中講義』や『デジタルマーケティング集中講義』(マイナビ出版)でも紹介していますので、前著を読んだ方にとっては、すでになじみぶかいモデルかもしれません。「AISARE」も「AIDMA」や「AISAS」と同様、消費者の行動心理をモデル化したものです。商品と出会い（アテンション）、興味・関心を持ち（インタレスト）、調べて（サーチ）購入し（アクション）、何度も親しんだ上で（リピート）、あたかも自分のブランドかのように他人に推奨する（エヴァンジェリスト）一連の流れを表しています。

A	Attention（注目）	最近、駅の改札でスマートウォッチをかざしている人が増えてきているな
I	Interest（興味・関心）	スマートウォッチは、従来の腕時計と違って、時計の機能の他にもいろいろな機能があるのかな？
S	Search（検索）	スマホと連動できるだけでなく、心拍数などの健康データもトラッキングできるし、防水機能があるから、つけたままシャワーも浴びられるのか
A	Action（行動・購入）	買ってみた、これは便利だ！
R	Repeat（リピート）	（2年後）新しいバージョンは、機能が増えて、バッテリーの持ちもよく、ますます便利になっている
E	Evangelist（エヴァンジェリスト）	手首にスマートウォッチをしていない友人を見ると、話のついでについついスマートウォッチの便利さについて伝えてしまう

スマートウォッチを購入した消費者の心理と行動をAISAREに当てはめた流れ

「AISARE」のフレームワークでは、商品やサービスを購入して終わりでなく、その後に商品やブランドに親しんでいるうちに、あたかも自分が商品やサービスの代弁者であるかのように振る舞うエヴァンジェリストが創造される段階までがポイントです。

「5A」における推奨者（Advocate）は、推奨者・唱導者という意味で「AISARE」におけるエヴァンジェリストと意図するところは同じです。ただし、「AISARE」では、リピーターの段階についても言及しており、消費者の行動を5Aよりも1段階細かく分けています。消費者がエヴァンジェリストに至るまでのプロセスを分析してみると、購入後すぐにその商品を推奨するというより、使っているうちに徐々に商品やサービスに愛着を持ち、好きになっていく段階があります。それがリピートです。何度も商品を利用していくことで、人は愛着を持ってエヴァンジェリストへと成長していきます。

ただし、エヴァンジェリストは、盲目的に自分が好きなブランドや商品について推奨するわけではありません。商品を熟知しているゆえに、利点だけでなく、その商品の持つ欠点についても深く理解しています。だからこそ、そのブランドの製品の改良版を一番に購入する存在になりますし、新製品の発表を心待ちにしています。

IASARE

本書の第2講以降では「AISARE」のフレームワークを用いて話を進めていきます。リピートを含めた消費者の行動心理を理解することで、現代のマーケティングに必要な視点を網羅することができるでしょう。

また本書では、顧客の視点と企業の視点、どちらも重視して説明していきたいと考えています。「5A」や「AISARE」は、顧客が商品やサービスに出会ってから推奨するまでのモデルです。顧客が主体となっています。

それに対し、企業視点からビジネスモデルを考えるときには、「AISARE」のはじめの「A」と「I」を逆にして「IASARE」の順で考えるとスムーズに戦略を構築できます。企業視点で考えると、消費者が興味・関心をひかれる「I（インタレスト）」は、企業や商品がいかに世界観を構築できているかということです。アテンションで消費者の認知を獲得できたとしても、確立した世界観がない商品やサービスでは、消費者は興味をひかれず、すぐに離れていってしまいます。商品やサービスを提供する企業は、自社の世界観をいかに構築して消費者に見せていくかを一連の流れとして考える必要があるのです。

このように企業視点でマーケティングについて考えることを容易にするため、本書では「AISARE」の「I」と「A」を反対にしたIASAREの順に紹介していきます。第2講では興味・関心の「I」を事例を交えながら紹介し、第3講の「A」(アテンション)では、企業と顧客の出会いについて焦点をあてていきます。第4講は「S」(サーチ)です。OMO時代、Google検索で何ができるようになったのか、AIの進化とともにSEOの最新事情についても紹介していきます。さまざまな企業の事例を見ることで、現代のマーケティングを考える視点を学んでいってください。

マーケティングに必要となる新たな視点

ここまで見てきた通り、マーケティングは「自然と売れる仕組みづくり」を意味しますが、その手法や考え方は時代や環境、情勢によって変化していくものだということがわかったと思います。マーケティングに求められるものは、今も刻々と変化し続けています。

では、あなたはこの先の世界がどうなっていくか、考えたことはあるでしょうか。
マーケティングにおいて、時代の流れを読むことはかかせません。マーケターは世の中の出来事や、人々の興味・関心の移ろいに常にアンテナを張っておく必要があります。
世界的に社会が成長・成熟していく中で、マーケティングには、ただ単に売上を最大化するだけでなく、企業としての倫理観やビジョンを適切に提示することが求められるようになってきました。これらを無視した企業の姿勢は、消費者の注目を集められないばかりでなく、人々から愛想をつかされるリスクもはらんでいます。

 調べてみよう

データ取り扱いにおける企業のリスク

ヨーロッパでは、個人情報の収集に対する人々の意識が高く、特に大企業が過剰に個人のデータを収集しているのではという議論が根強くありました。こうして、2018年にEUの個人データ収集に関する法律、GDPR(一般データ保護規則)が施行されました。2019年1月、Googleは、GDPRに違反したという理由で5千万ユーロ(約62億円)の制裁金の支払いを命じられました。

これからのマーケティングを考える上でかかせない視点として、本書で紹介したい視点が2つあります。

国連が採択したSDGsと日本が目指すSociety5.0（テクノロジーの進化）です。2030年にはSDGsとSociety5.0が融合した社会がやってくると筆者は考えています。

マーケティングには社会を変革する力があります。「SDGs」と「Society5.0」を意識したマーケティングを行うことで、世界が抱える課題を解決することができるのです。

SDGs

SDGsとは、Sustainable Development Goalsから取った標語であり、よりよい世界を目指すため、国連加盟193ヵ国が2016年から2030年の15年間で達成することを目的にした国際目標のことです。

SDGsの目標は世界各国や企業、そして私たちによって2030年までに達成することが求められています。採択からすでに5年以上がたっており、最近では企業の広告などで見かけることも多いため、聞いたことがあるという人も多いのではないでしょうか。

SDGsには17のゴールが設定されています。たとえばP021の「調べてみよう」にある海洋プラスチックの問題は「14: 海の豊かさを守ろう」が該当します。また、森林減少の問題は「15: 陸の豊かさも守ろう」で設定されている目標です。

図1-3　国連Webページの2030アジェンダ
https://www.unic.or.jp/activities/economic_social_development/sustainable_development/2030agenda/

山積する環境問題と課題

近年、多くの人を悩ませている問題があります。環境破壊です。陸地では熱帯雨林が焼かれ、植林された面積を差し引いても1日あたり東京ドーム2,754個分（1時間で114個分）の森林面積が消失しています。

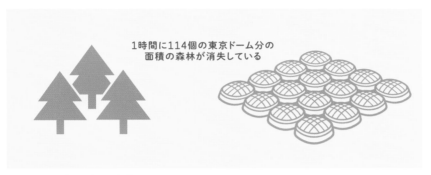

図1-4　環境破壊は年々深刻化している

環境を破壊し尽くそうと考えている人はいないでしょうが、実際には今この瞬間も森林は消失し、ゴミが海に捨てられ続けています。

環境破壊の主因は人です。世界の人口は2019年時点で77億人（※1）ですが、2015年から2020年の増加ペースの平均を見ると、世界人口は1時間に約9,500人ずつ増えています（※2）。この本を読むのに2時間かかるとすると、読み終わる頃には世界人口は1.9万人増えており、森林は東京ドーム228個分減少し、プラスチックごみは海にジャンボジェット機11機分捨てられている計算になります。

調べてみよう

海洋ではプラスチックごみによる海洋環境汚染が広がっています。「毎年約800万トンのプラスチックごみが海洋に流出しているという試算」（※3）があります。これをジャンボジェット機の機体の重さに換算すると、1年間に5万機分の重さのごみを海に捨てていることになります。

参考：NTTグループ環境活動「つなぐコラム」"地球にちょうどいい暮らし方"
https://www.ntt.co.jp/kankyo/column/earth/no4.html

MEMO

2010～2020年には年平均で470万ha減少していることから、1時間に東京ドーム114個分の森林面積が消失している計算となる。
出典：林野庁「世界森林資源評価2020主な調査結果（仮訳）」

https://www.rinya.maff.go.jp/j/kaigai/attach/pdf/index-17.pdf

※1
参考：国連「世界人口推計2019年版：要旨」

https://www.unic.or.jp/news_press/features_backgrounders/33798/

※2
United Nations Population Dynamics（https://population.un.org/wpp/DataQuery/）より算出。
2015年の世界人口が73億7,979万7,000人で、2020年が77億9,479万9,000人と推計される。

※3
出典：環境省「環境白書」

https://www.env.go.jp/policy/hakusyo/r01/html/hj19010301.html

あなたはこんな世界をどう思いますか？

人口が増え続けることで環境破壊が進んでしまうのであれば、我々は地球に住む人間として責任を持って対処していく必要があります。今後は企業としても環境破壊を食い止め、バランスの取れた状態へと改善していく努力が社会的に求められていきます。

調べてみよう

海洋プラスチックゴミの問題
プラスチックゴミが海洋を汚染している問題の原因の1つがプラスチック製レジ袋です。使用量を減らす策として、日本でも2020年にプラスチックバッグの有料化が義務付けられました。

ムーンショット計画

私たちの社会はただ、流れに任せて進化していくのではなく、時に大きな目標やビジョンを掲げ、そこに向かって発展していくことがあります。

たとえば、アメリカの第35代大統領、ケネディが月に行くと宣言しなければ、1960年代の終わりまでに人類が月に降り立つことはなかったでしょう。これは「ムーンショット計画」と呼ばれる手法です。壮大とも思える目標を、できるかどうかの絶妙なラインで提示します。「月に行く」というビジョンは、当時の科学者の限界に挑戦するというだけでなく、一般の人をもわくわくさせるものでした。ビジョンには同時に達成する期限が設定されています。すると期限から工程を逆算することができ、具体的なロードマップを描けるようになるのです。このような具体的なビジョンは、人々を動かし、行動を大きく変える力があります。ムーンショット計画は、Googleなどをはじめとする企業でも取り入れられている手法です。

> We choose to go to the Moon in this decade and do the other things, not because they are easy, but because they are hard; because that goal will serve to organize and measure the best of our energies and skills, because that challenge is one that we are willing to accept, one we are unwilling to postpone, and one we intend to win, and the others, too.
>
> **我々は、月に行くことを決めました。我々が、今後10年以内に月に行き、そしてさらなる取り組みを行うことを決めたのは、それが容易だからではありません。それが困難だからです。この目標が、我々のもつ最高の行動力や技術を集結し、それがどれ程かを量るのに役立つからです。その挑戦こそ、我々が受けて立つことを望み、先延ばしすることを望まないものだからなのです。そして、これこそが、我々が勝ち取ろうとするものであり、我々以外にとっても同じものなのです。**
>
> 出典：Space Center Houston 「John F. Kennedy Podium」
> https://spacecenter.org/exhibits-and-experiences/starship-gallery/kennedy-podium/
> 実際の演説は「NASA」のYouTubeより確認できます。
> https://www.youtube.com/watch?v=WZyRbnpGyzQ&t=320s

この演説から、人々を奮い立たせる「意思・情熱」と、克服すべき「技術力」と、「期限設定」がムーンショット計画にとって要であることが読み取れます。

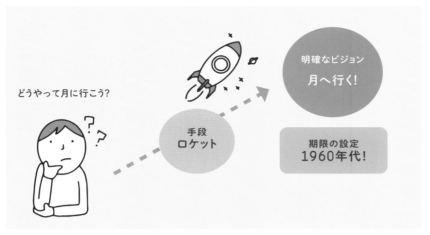

図1-5　ムーンショット計画

2020年代の今日、国連が掲げている世界的なムーンショット計画がSDGsなのです。

—

SDGsの掲げる目標を見ていくと、現状のままではなかなか達成が難しいものもあることがわかります。しかしSDGsのポイントは「誰も置きざりにしない」ことです。

—

SDGsの目標は持続可能な開発目標です。環境以外に貧困、飢餓、教育、ジェンダー平等、経済成長なども含まれています。環境を改善するだけでなく、そこに住む私たち、世界の人と人との安定、世界平和がなければ、われわれは安心して暮らすことができません。地球環境の保全の維持とともに世界平和があって、はじめて良質な環境が整います。ここが私たちの目指すべき状態です。そしてこれは世界観という言葉でも言い換えることができます。平和で安全な世界で暮らす人類という世界観です。

世の中にはさまざまな世界観があります。ユートピアや桃源郷からジョージ・オーウェルの『1984』のディストピアまで多種多様です。

「馬を水辺につれて行けても水を飲ませることはできない」（※4）と言いますが、強制されることなく、誰もが達成したいと思うような方向性・目的地を設定することが重要です。1960年代にケネディが月へ行くと決めたように、国連はSDGsという大きな目標を掲げました。SDGsは私たちが生きる環境に直結する目標であり、イデオロギーの対立はあっても異議を唱えることは難しいでしょう。今や多くの企業がSDGsへの取り組みを表明しています。

 MEMO

本書ではSDGsとSociety 5.0の目指す社会をベースに世界観を掘り下げていきます。

※4
「馬を水辺につれて行けても水を飲ませることはできない」

馬に首に縄をつけて望まぬ場所へ連れていくことはできたとしても、そこで水を飲むかどうかまでは強制できないという意味

Society5.0

SDGsと一緒に取り上げられることが多いのが、「Society5.0」です。

Society5.0とは、内閣府によって第5期科学技術基本計画（2016年度から2020年度）で提唱された日本が目指すべき未来社会の姿のことを指します。

社会が発展してきた流れを狩猟社会（Society 1.0）、農耕社会（Society 2.0）、工業社会（Society 3.0）、情報社会（Society 4.0）と定義し、その流れに続く新たな社会（Society 5.0）を目指すことと定義されています。「サイバー空間（仮想空間）とフィジカル空間（現実空間）を高度に融合させたシステムにより、経済発展と社会的課題の解決を両立する、人間中心の社会」が「Society5.0」（※5）です。

※5
参考：内閣府「Society5.0とは」

https://www8.cao.go.jp/cstp/society5_0/

Society4.0とSociety5.0の違い

「Society1.0から5.0への変遷」の表を見ると、その移り変わりが指数関数的であることがわかります。Society1.0は人類誕生の約500万年前です。Society2.0は紀元前13000年、3.0は工業社会の18世紀末、4.0は情報社会の20世紀後半……と徐々にその間隔は縮まっていて、技術の進歩と変化の速さを実感できます。

情報社会であるSociety4.0とSociety5.0の違いは人工知能です。

Society4.0では人が主体となってクラウドにアクセスして情報を入手・分析します。たとえば、クラウドにある企業のWebサイトのアクセス情報を現実の空間にいる人が入手して分析するといったことです。サイバー空間とフィジカル空間の境目がはっきりしています。

1.0	狩猟社会（人類誕生）	自然との共生
2.0	農耕社会（紀元前13000年）	灌漑技術の開発、定住化の定着
3.0	工業社会（18世紀末）	蒸気機関車の発明、大量生産の開始
4.0	情報社会（20世紀後半）	コンピューターの発明、情報流通の開始
5.0	超スマート社会（21世紀初頭〜）	AIやIoT、ロボット、ビッグデータetc.により実現する未来社会

Society1.0から5.0への変遷

これに対してSociety5.0では、フィジカル空間にあるセンサー情報が、サイバー空間の人工知能によって高度に解析されることで、フィジカル空間に自動的にフィードバックされます。たとえばGoogleなどのIT企業や、自動車会社を中心に長らく開発が進められている自動車の自動運転技術がこれに該当します。Society5.0では単純に目的地へ到達するための最短距離をナビゲーションするだけではなく、各自動車のセンサーから集められたデータにより、道路の混雑状況をリアルタイムで解析します。さらに、集中豪雨や落雷などの突発的な気象情報による変化や道路での事故情報などと連動して、もっとも短い時間で目的地へと到達できる最適なルート、安全な走行を支援します。

Society5.0によって、これまで実現できなかった新たな価値観が社会にもたらされます。内閣府のサイトを見て、まるで夢物語だと感じた人もいるかもしれません。Society5.0は日本が打ち出したムーンショット計画なのです。

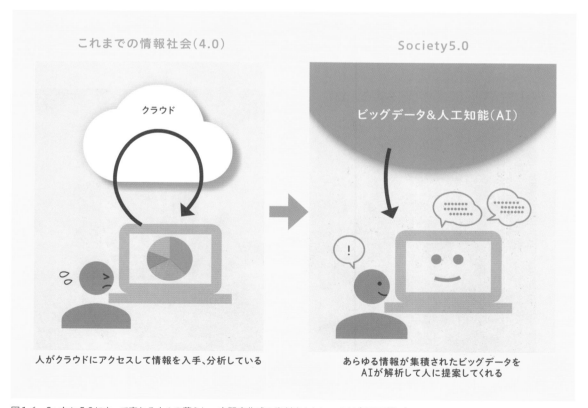

図1-6　Society5.0によって変わる人々の暮らし　内閣府作成の資料をもとにマイナビ出版が作成
https://www8.cao.go.jp/cstp/society5_0/society5_0.pdf

Society5.0の社会

Society5.0の超スマート社会では、サイバー空間と現実空間の高度な融合による解決を実現できます。日本人が海外の人と話す場合、従来であれば共通語である英語で話したり、通訳を雇ったりといったことが必要でした。しかしSociety5.0の到来により、言語の壁が取り払われコミュニケーションに不自由しなくなるという未来がやってくるかもしれません。

調べてみよう

「20XX in Society 5.0〜デジタルで創る、私たちの未来〜」
（ロングver.）

https://www.youtube.com/watch?v=xQnnAih8KIo

日本が目指すSociety5.0のイメージをふくらませるためにも視聴をおすすめします。

図1-7 「20XX in Society 5.0〜デジタルで創る、私たちの未来〜」

Society5.0を実現するテクノロジーの発展

Society5.0を実現するために必要となるのは、テクノロジーです。これまでも、技術的な壁があってできなかったことが、テクノロジーの進化によって続々とできるようになってきました。たとえば2010年には、動画を撮影して保存しておくことは今ほど容易なことではありませんでした。2010年に発売された当時最新のSDメモリーカードは32GBです。映像関連の仕事で動画を活用する場合にはカードを複数枚、用意しておかなければなりません。価格も32GBのSDカード1枚で1万円ほどしたのが、2021年の今は1TBのSDカードも、比較的安価で発売されています。

また、通信速度の進化もSociety5.0が実現するためには必要です。3Gから4Gときて、今ではもう5Gが話題の中心になっています。通信速度が速くなるにつれて、私たちが扱えるデータの容量も増え、それによって技術もまた進歩していきます。たとえば5Gが世の中に行き渡るのは数年後だと見られていますが、この先には6Gの時代がくるでしょう。

このように、テクノロジーの進歩も指数関数的に発展を遂げています。この本を通じて、SDGsに代表される環境問題とSociety5.0が融合する社会にマーケティングとしてどのように対応していくか、一緒に見ていきましょう。

考えてみよう あなたが好きな商品やサービスについて、出会いから好きなものを友人や家族などに推奨していくまでの流れをAISAREの順に書いてみよう。

解答例　私は表参道にある美容院で髪を切ってもらっています。その美容院を知ったきっかけはInstagramでした。→アテンション

Instagramにヘアスタイルやアレンジ方法がアップされていて、興味が湧いたのです。→インタレスト

「#ショートヘア」で調べてみると、一番にその美容院の美容師さんが出てきました。詳しく調べたところ、フォロワーが7万人を超えている人気の美容師さんだということがわかりました。→サーチ

投稿されている写真も、まさに私が求めているヘアスタイルだったため、予約をとって美容院に行きました。→アクション

それからはその美容院に決めて何度も通っています。→リピート

また、友達に髪型を褒められたので、その美容院のよさを友達にも広めました。→エヴァンジェリスト

ちょっと深堀り

学生

SDGsとマーケティングの関連性のお話は目からうろこでした。

先生

新型コロナウイルスの脅威が高まった頃に、店頭から使い捨てマスクやアルコール除菌剤が一斉に売り切れてなかなか追加されなかった時期があったね。

学生

はい。その時期にたまたま家の近くの店舗で「アルコール77」が売られていました。

先生

高知県の菊水酒造というメーカーがつくった、アルコール除菌にも使えるスピリッツだね。

学生

はい。Webニュースで発売されていること自体は情報として知っていましたが、店頭で見たのははじめてでした。目にした瞬間、買い物カゴに入れていました。

先生

あのときは、本当に品不足だったからね。一般的なアルコール除菌剤が軒並みないという中、酒造メーカーが迅速に動いて話題になったのは記憶に新しい。

学生

消毒用として使うために買ったものですが、誤って少量飲んでしまっても害がないのは安心ですよね。これをそのままスプレーボトルに詰めてアルコール消毒剤として使っています。
「アルコール77」の素晴らしいところは、普段は飲料を提供する酒造メーカーが、コロナという事態に直面する中で市中の消毒用アルコールがほぼないことに気付いて、それを提供しようと決断したことだと思います。決断から商品化、流通に至るまでが圧倒的なスピードで行われたこともすごいと思いました。

よく勉強しているね。この「アルコール77」の動きは他の酒造メーカーにも広がって、「アルコール70」とか「アルコール65」などが発売された。アルコール除菌剤が不足してたこの事態を緩和してくれたのは大きかったね。

先生

学生

はい。社会が危機に直面したとき、自分の会社で何ができるかと真剣に考えて課題を見つけ、迅速に解決策を提供していることが何よりも素晴らしいと思いました。

ドラッカーによれば、マーケティングの目的は「販売の必要をなくすこと」であり、マーケティングとは「自然と売れる仕組みをつくること」だね。

先生

学生

高く売ることもできるのに酒税を含めて1,200円＋消費税でしたから、価格も良心的でした。こういった製品が購買層に好感を持って受け入れられて、多くの人たちに購入されるのだな、と勉強になりました。

社会環境をよくするために何が提供できるかと考え、素早く行動を取った人や企業が回り回って自分たちに利益をもたらす典型だ。

先生

学生

高知県の菊水酒造がいち早く動くことでつくったこの流れが、コロナ時代を象徴するマーケティングの事例になりそうだと思います。このタイミングで売り出せば必ず売れる商品というのは、まさにドラッカーのいう「販売の必要をなくすこと」ですね。誰一人取り残さないSDGsの時代にふさわしい企業姿勢を垣間見たように思いました。

読んでみよう

『コトラーのマーケティング3.0』 フィリップ・コトラー他 著　朝日新聞出版

『コトラーのマーケティング4.0』 フィリップ・コトラー他 著　朝日新聞出版

『お客様の心をつかむ心理ロイヤルマーケティング』 渡部弘毅 著 諏訪良武 監修　翔泳社

『ネットビジネス進化論』 尾原和啓 著　NHK出版

復習クイズ

Q1 AISAREとは、（　　　　）の行動心理モデルです。

Q2 デジタルマーケティングとは、顧客満足度を高めた上で「デジタル技術を活用して（　　）仕組みをつくる」ことです。

Q3 （　　　）とは、Online merges with Offlineの略でオンラインとリアルとが融合していく状況を説明した用語です。

A1.　消費者

A2.　売れる

A3.　OMO

いよいよ第2講からAISAREを用いてマーケティングを紐解いていきます。

第2講では、AISAREの2番目「インタレスト」について詳しく見てきます。通常であれば、AISAREの1番目、「アテンション」の説明が先では？　と思う方もいるかもしれません。しかし企業や事業者の立場からすると、自社のサービスや商品にどのように関心をもってもらうかをはじめに設計し、顧客との接点（アテンション）を逆算したほうが効果的な施策を考えられる可能性があります。

インタレストを通じて顧客の興味・関心を強化するキーワード、世界観について理解を深めていきましょう。

Society5.0

情緒的価値

第2講

DX

世界観を構築する
ブランディング

マーケティング
フレームワーク
AISARE

SDGs

A　Attention

I　Interest

S　Search

A　Action

R　Repeat

E　Evangelist

A「I」SARE：興味と関心

第1講で消費者の行動心理モデルとしてAISAREを紹介しました。第2講ではAISAREの2番目である「I」（インタレスト）を紐解いていきます。

インタレストとはつまり興味・関心です。どんなによい商品を提供していても、消費者に興味をもってもらえなければ、その商品は誰にも知られることなく終わってしまいます。よい商品をつくるのと同じくらい、ターゲットに興味を持ってもらうインタレストのフェーズが大切であることは言うまでもないでしょう。また、商品やサービスへ興味を持ってもらうだけでは十分ではありません。それらについて同時に好ましいと感じてもらう必要があります。そうでなければ人はAISAREの次のフェーズである「S」（サーチ）に進んではくれないからです。

消費者に興味をもってもらうサービス・商品をつくるために

顧客にとって魅力的な強いビジネスをつくるには、ユーザーを起点としたビジネスのつくり方（BtoC）と、企業を起点としたビジネスのつくりかた（BtoB）の2つを理解する必要があります。そのどちらにも共通する鍵は世界観です。まずはユーザー起点でビジネスを考える手法について学んでいきましょう。

はじめに、消費者の購買行動を適切にとらえ、自社の商品を改善するための手法として「ポジショニングマップ」「ユーザーインタビュー」「ペルソナ」を確認していきます。

ポジショニングマップ

ポジショニングとは、市場の中で競合と比べて、自社がどこにプロットされるのか、立ち位置を明確にすることです。

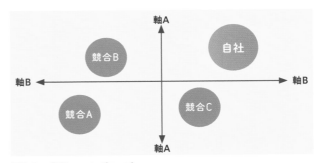

図2-1　ポジショニングマップ

ポジショニングマップは縦軸と横軸の2軸、4つの象限によって構成されています。その中で競合他社とともに、自社がどの位置にいるかを当てはめていきます。これにより、競合と比べたときの自社の強みや特徴、弱い点を客観視することができるのです。

ユーザーインタビュー

商品やサービスの対象となるユーザーの声を直接聞くことで、ニーズや課題を明確に知ることができます。ユーザーインタビューの方法は主に以下の3つです。

1つ目は一問一答形式でインタビューしていく方法です。2つ目は決められた項目に加えて、ユーザーの答えをさらに深堀していく方法、3つ目は大きなテーマだけ設定して自由に質問していく方法です。3つ目のやり方では、インタビューする側が思いも寄らなかった話に発展する可能性がある一方、話が脱線して収拾がつかなくなることもあるため、インタビューする側にも経験と力量が求められます。

ユーザーと場を共有して対話するユーザーインタビューでは、表情や身振り手振り、いわゆるノンバーバルコミュニケーションも理解を深める一助となります。既存の製品やサービスについて、リアルな声を聞くことができるユーザーインタビューは、製品の改善を検討している場合には最適な手法です。しかし一方で、限界もあります。ユーザーインタビューから新しい価値観や発想を得られるということは、あまり期待しないほうがよいでしょう。

ペルソナ

ペルソナという手法は、対象となる顧客イメージを、リアリティを持って設定する事です。ペルソナに近い概念にターゲットがありますが、「東京に住む20代の男性」というように、幅をもたせた設定をするターゲットに対し、ペルソナを設定する場合は、より具体的に顧客イメージを設定していきます。

性別、年齢、住んでいるエリア、家族構成といった基本的な属性から、どこで働き、何を専門としてどれくらいの年収であるか、趣味や好きなことといったプライベートまで、実在する人物であるかのように顧客像をイメージしていきます。その結果、施策と顧客像にブレがなくなりより効果が高い施策を立てることが可能になります。

ペルソナを設定することのメリットの1つは、企業にとっての理想の顧客を明確にできることです（P034「考えてみよう」ではペルソナ設定の1つの例を見ることができます）。この例では、お酒を好んで飲むものの強いこだわりはなく、シェフのおすすめを受け入れる顧客像が読み取れます。このことから、顧客そのものに対して直接アピール

するのではなく、レストランのシェフやソムリエに対して情報と商品を提供するのが商品を売り出す近道であるという考えが導き出せるのです。

このように、ユーザーインタビューやペルソナを設定してターゲットを意識することはマーケティングの基本です。しかし、それに固執してしまうとそもそも「企業として提供したいと考えていたサービス」からかけ離れてしまう危険性をはらんでいます。企業は顧客の方向を向いてビジネスをするだけでなく、顧客に「世界観」を提示して、顧客とともに向かっていきたい「ビジョン」を考えることも重要なのです。

MEMO

ペルソナ設定の際、該当する人がごく少数である場合（30歳の上場企業社長など）、市場の広がりが想定しにくくなります。理想の顧客像を追い求めることで市場規模を狭めてしまわないよう注意しましょう。

MEMO

マーケティングを行う上で、ユーザーインタビューやペルソナの設定は有効な手法ですが、「まだこの世に存在しないもの」はそこからは出てこない可能性があります。
スティーブ・ジョブズという1人のビジョナリー（※1）によって生み出されたiPhoneは世界を一変させました。しかしiPhoneはいくらユーザーインタビューをしたとしても、携帯電話の延長線上には生まれなかったでしょう。海上から海に浮かぶ氷山の一部は見えても、海面に隠れた部分は見えないものです。それと同様、顧客が本当に欲しているものに顧客自身が気付いていない場合があります。

※1
「ビジョナリー」
先見の明がある人のこと

考えてみよう

洋酒メーカーがペルソナを設定する場合、どのような人物が考えられるでしょうか。

| 解答例 東京都港区六本木にあるIT系ベンチャー企業に勤める29歳のビジネスマン。年収は750万円。日比谷線で通勤し、中目黒駅から徒歩9分、家賃97,000円の1Kマンションで1人暮らしをしている。平日は忙しく働き、自炊は一切しない。iPhoneとMacBook Proを愛用しており、映画と旅行とお酒が好き。土曜の夜は友人と近所のイタリアンで食事をする。1杯目はビールで、2杯目以降はシェフおすすめのワインを飲みながら、友人と最近見た映画やこれから訪れたい旅行先について話したりすることを楽しんでいる。 |

人は世界観に惹かれ興味を持つ

iPhoneはなぜ10倍の価格でも売れるのか

スマートフォンはコモディティ化が急速に進行し、安価なものでは1万円代から買えるようになりました。それも大手メーカーによって発売されたものでスペックも決して低くありません。

それに対して、最新のiPhoneでもっとも高価な機種は16万円を超えています。その価格差は約10倍です。今やiPhoneは大卒初任給の手取り額とさほど変わらない価格になっており、決して手に入れやすい商品ではないでしょう。それでもその人気は衰えることがありません。

MEMO

コモディティ化は、商品の一般化とも言い換えられます。もともとは、高付加価値だった商品が、技術革新や相次ぐ競合製品の参入により、製品ラインナップが増えて急速に製品のクオリティが上がり、大量生産と価格競争で価格がこなれて、手に入りやすくなる現象のことです。

MEMO

2020年に著者が教えている大学の経営学部の受講生（都内の私立大学に通う200人以上）にアンケートを採ったところ、iPhoneを所有している学生は94%、Androidのスマホの所有率はわずか6%という結果でした。

Androidのスペックが年々向上し、価格差ほどの性能差がない中で、iPhoneに根強いファンがついているのはなぜでしょうか？

—

その秘密の1つに「世界観」があります。

世界観とは、商品やサービスを提供する企業が世の中に提示する、物事の見方や意味づけ、考え方のことです。どんな商品にも世界観があります。しかしその内容は千差万別です。世界観をじっくり考えて構築している企業もあれば、そうでない企業もあります。

人々を魅了しつづけるAppleの世界観

Appleの世界観とは、他の誰でもない、自分らしいライフスタイルを過ごすことです。スティーブ・ジョブズがAppleに復帰し、1997年に打った広告キャンペーン「Think Different」に象徴されています。

YouTubeで「Think Different」と検索すると、当時のCMの映像がいくつか表示されます。

調べてみよう

Appleが公式にYouTubeへ公開したものではないものが多いため、QRコードは掲載しません。関心がある人は確認してみましょう。

人々がAppleに魅了される要因の1つは、初めての人でも直感的に操作できるシンプルなデザインと、使用していてストレスを感じることが少ない高品質な機器にあるでしょう。まだ文字を自由に読むことのできない3才児でも、教えられることなくiPadでアプリをタップして動画を見ることができるほど、Apple製品は直感的に操作できます。

Appleの製品は、すべてが統一された1つの世界観によって構築されており、Appleストアの店舗にもこの世界観が色濃く反映されています。Appleがこの世界観を重視していることは、家電量販店内に設営されたAppleコーナーですら、その一角だけインテリアデザインが異なることからも明白です。Appleの店舗と同様のデザインが採用されています。

—

それでは、商品やサービスの世界観を構成するのに必要な要素には何があるでしょうか。

情緒的価値に基づく世界観の重要性

世界観を構築するためのもっとも基本となる要素は「機能的価値」です。商品やサービスにとって、機能的価値は土台となるものです。iPhoneにも先程述べたような機能的価値がベースにあります。

図2-2　世界観を構築する要素

機能的価値は、商品やサービスの機能やスペックのことです。数値化して他社の競合製品と比較することができます。商品がパソコンの場合、CPUやメモリの値などはスペックとして数値化できるでしょう。したがって同じWindowsのパソコンであれば、各メーカーそれぞれの機種のスペックを比較することができます。

機能的価値は商品の土台となるものです。しかし、商品が機能的価値のみによって支えられている場合、どういったことが起きるでしょうか。

機能が同等である場合、消費者として次に重視する判断材料は価格となります。同じスペックのパソコンの場合、より安価な製品が選ばれるのは自明の理でしょう。そうなるとメーカーも小売店も価格（安さ）を前面に打ち出すようになり、市場は価格競争に陥りがちです。そのためメーカーは、常に新製品を開発・投入して、競合と肩を並べていく必要があります。

一方で情緒的価値は人の感情や情動を動かすものです。つくり手側の世界観を提示し、人の感情に訴えることでもあります。

情緒的価値の特徴は数値化できないということです。

たとえば映画を見るとき、その感動の度合いを数値化して比較することは難しいものです。『ボヘミアン・ラプソディ』というミュージカルドラマを見て感動するのと『アナと雪の女王』というファンタジーアニメーションを見て感動するのとでは、ジャンルも訴える感情のポイントも異なります。また、受け手によっても感じ方はさまざまです。そのため、映画という同じパッケージであっても感動した度合いを、単純に数値で比較することは困難です。

つまり、世界観を構築することで情緒的価値が上がると、機能的価値のように他社製品やサービスと比較できなくなります。情緒的価値という世界観を持つことで、企業は唯一無二のオリジナルの価値観を消費者に提供できる存在となるのです。

世界観がしっかりと構築された企業は、ポジショニングマップにプロットされる特徴以上の強みを持つことができます。消費者からすると、世界観を持った商品とそうでない商品では、比較の対象にすらなりません。

	機能的価値	情緒的価値
数値化	できる	できない
特徴	基本的な性能・スペック	感情に訴える 機能的価値を補うこともある
価格競争	陥りがち	無縁
ポジショニング	機能的差別化	唯一無二のオリジナリティ

機能的価値と情緒的価値

マーケティング2.0まではサービスや商品の差別化、ポジショニングが重要でした。競合相手を考えて製品をつくることは、今でももちろん重要なことです。しかし、顧客の自己実現欲求をかなえることを提供するマーケティング4.0の現代では、自社の立ち位置や世界観を明確に消費者に届けることが、より重視されます。

世界観は機能的価値すら補う

情緒的価値は機能的価値を補うことすらあります。感情が弱点をフォローするのです。たとえば初代のApple Watchはバッテリーが1日も持ちませんでした。一般的な腕時計からApple Watchに乗り換えた人であれば、毎日充電する手間を面倒だと感じたこともあるでしょう。バッテリーの駆動時間については、Apple Watchのシリーズ6に至っても連続18時間程度です。同じスマートウォッチでもバッテリーが連続25日持ち、iPhoneと連動できるものもあります。バッテリーの駆動時間だけ見れば、Apple Watchは他製品に比べて機能的価値が高いとは言えません。

しかし依然としてApple Watchの人気は衰えません。もちろんAppleの純正品であり、iPhoneと完全に連動できるという点は消費者にとって大きな意味を持つでしょう。しかし、着用レビューもほぼない初代Apple Watchを購入したような人、そして今も新しいシリーズが出るたびに購入し続ける人にとって、機能的価値は二の次です。Appleの世界観を愛し、その企業の可能性を買っているからです。

MEMO

マーケティング4.0では、消費者の自己実現欲求に訴えかけられる商品であることが重要です。消費者はそこに商品の価値を見出し、そのブランドを他者に広めようとします。

考えてみよう

世界観がある企業やサービス、商品にはさまざまな副次的なメリットがあります。世界観を持つことでどのようなメリットがあるか考えてみよう。

解答例　メリットの1つは価格競争から解き放たれることです。	ています。Apple信者と呼ばれるような人たちは、Appleの製品と世界観を心から愛しています。そうし
Appleのコンピューターやスマートフォンは決して安価ではありません。しかし世界中の人たちを魅了し続け	た人たちにとって価格はもはや問題ではありません。新製品が発売されるたびに購入する人もいます。

機能的価値と情緒的価値の両方を備えたApple

世界観が確立された企業としてAppleを扱ってきました。

Appleの製品は使い勝手がよく、UXに優れ不具合が少ないといった機能的価値があります。しかしAppleの熱狂的人気は、スペックとして表すことのできる機能的価値だけでは説明できません。iPhoneをはじめとするAppleの製品には機能的価値に加え、情緒的価値があることで人々を魅了し続けています。

情緒的価値を持つブランドの特徴

情緒的価値を強く持つブランドは、社長自らがブランドとの関係性を唯一無二のストーリーとして自伝的に綴り、顧客に提示することが少なくありません。

世界的な企業ではスターバックスの成長の原動力となったハワード・シュルツの『スターバックス成功物語』(日経BP)、ヴァージン・アトランティック航空の創業者リチャード・ブランソンの『ヴァージン―僕は世界を変えていく』(阪急コミュニケーションズ)などがあります。これらはいまや古典的重厚感があります。

日本でもサイバーエージェント『渋谷ではたらく社長の告白(藤田晋 著　幻冬舎)から、メガネのオンデーズの『破天荒フェニックス オンデーズ再生物語』(田中修治 著 幻冬舎)など、枚挙にいとまがありません。

人々はなぜ、このようなストーリーに惹かれるのでしょう。

それは、ストーリーがブランドの世界観を肉付けする1つの要素となっているからです。カリスマ性のある社長のストーリーに人々は引き寄せられ共感します。これも数値化できない「情緒的価値」です。

MEMO

第10講　価値観の伝道とエヴァンジェリストでも詳しく説明しています。

これからの世界観に必要なサステナビリティ

第1講でSDGsについてお話をしました。2030年にSDGsを達成するため、今後、企業にとって重要となる世界観の要素に「サステナビリティ」（Sustainability）があります。

世界観を構成する2大要素「機能的価値」「情緒的価値」に加え、時代が成熟してきたため、新たに必要となってきた要素が「サステナビリティ」です。

サステナビリティとは、私たちが暮らしている自然環境や社会、経済が長期的に持続することができるよう、良好な状態を維持することを意味します。サステナビリティは「持続可能性」とも訳されます。環境をこれ以上破壊せず、バランスを保っていくための考え方です。

サステナビリティは人々の感情に訴える要素でもあるため、情緒的価値の1つとして扱うこともできるでしょう。しかし企業としてこれからのマーケティングを考えるうえ

MEMO

サステナビリティの考え方は、ゴミを捨てずにリユースしたり、リサイクルしたりすることで資源を循環させるサーキュラー・エコノミー（循環経済）へと発展していきています。

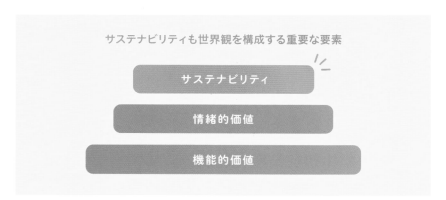

図2-3　世界観を構成する要素としてのサステナビリティ

	機能的価値	情緒的価値	サステナビリティ
数値化	できる	できない	対象による
特徴	基本的な性能・スペック	感情に訴える 機能的価値を補うことすらある	将来を見通す方向性
価格競争	陥りがち	無縁	コストは上がりがち
ポジショニング	機能的差別化	唯一無二のオリジナリティ	相対化

機能的価値と情緒的価値とサステナビリティ

で、サステナビリティについて考えることは非常に大切です。そのため、本書では機能的価値、情緒的価値につづく３つ目の要素として独立させて考えていきます。

サステナビリティを担保しているか

今後は2030年へ向けて、SDGsの目標を自分ごととして捉え、自ら地球環境をサステナブルにしていく企業が人々に望まれ、愛されるでしょう。

人々の関心は、社会の成熟とともに変化しています。その変化を敏感に捉え、世界観に取り込んでいく企業に、人々は共感し、サポートしていきたいと考えるのです。

IKEAの世界観

機能的価値とサステナビリティの価値観をあわせ持つ企業として、IKEA（イケア）を紹介します。

IKEAは2021年３月現在、日本に12店舗を展開している北欧スウェーデン発の企業です（ヨーロッパ、北米、アジアなど世界中に店舗があります）。広大な店内に、膨大な数の商品を取りそろえているのが特徴ですが、店内は客の動きを計算しつくした構造になっており、すべての商品を迷わずに見て回れるようになっています。IKEAの店舗はIKEAの世界観を体現しています。また、ひとつひとつの商品もその世界観を表しています。IKEAのビジョンを引用してみましょう。

「より快適な毎日を、より多くの方々に」というイケアのビジョン

イケアのビジョンはイケアの存在理由を伝えるものですが、イケアのビジネス理念は達成すべき目標を伝えるものです。イケアに来店したことがある人なら誰でも、イケアのビジネス理念をかなり明白に感じられるでしょう。それは、「優れたデザインと機能性を兼ね備えたホームファニッシング製品を幅広く取りそろえ、より多くの方々にご購入いただけるようできる限り手ごろな価格でご提供すること」です。

イケアは、美しいデザイン、優れた機能性、サステナビリティ、高品質を兼ね備え、低価格で入手できる製品をつくる必要があるということです。イケアはこれを「デモクラティック※2デザイン」と呼んでいます。優れたホームファニッシングは、あらゆる人のためのものだと考えているからです。

※引用：IKEA Webサイト「ビジョンとビジネス理念」より
https://www.ikea.com/jp/ja/this-is-ikea/about-us/vision-and-business-idea-pub9cd02291

※2
「デモクラティック」
民主的、民主主義的
であること

IKEAの商品にフラクタというブルーのランドリーバッグがあります。ベーシックなデザインで、羽毛布団が入るほど大きく丈夫で実用的です。機能的価値が充実しているにもかかわらず、価格も実に安価(99円+税)に設定されています。

一般的に言えば、安価な製品をおおっぴらに持つことには、抵抗がある人もいるかもしれません。しかしIKEAのブルーバッグを持つことは、同時にIKEAのシンプルでサステナブルな世界観を支持していることでもあります。 IKEAのアイテムを持つことは、自身がかしこい消費者であることの証であり、持ち主をポジティブな気持ちにさせてくれるのです。その商品を持つこと自体が自己実現を助ける、マーケティング4.0に当てはまる事例と言えるでしょう。

IKEAの商品は、主張しすぎないシンプルなデザイン、性能、価格の安さ、そして環境や人に配慮したサステナビリティの精神で構築された世界観があります。

図2-4　商品が世界観を体現する

情緒的価値に企業規模は関係ない

IKEAのようなビジネスはどのような企業でも真似できるものでしょうか。

よい製品をつくろうとすればコストがかかります。IKEAのように品質を担保しつつ、安価で提供するビジネスは、世界規模で大量生産しているからこそ実現できると言えるでしょう。価格競争で勝負をしかけるのは体力のない小さな企業には難しいことです。

しかし世界観を持つことで、世界的規模の企業にも対抗することができます。機能的価値をおさえ、情緒的価値とサステナビリティに注力することにおいて、企業規模は関係ありません。また、製造業以外のホテルなどのサービス業でも可能です。

情緒的価値とサステナビリティの世界観を実践するリゾート

世界には、バックパッカーのためのドミトリーから5つ星のラグジュアリーなホテルまでさまざまなホテルがあります。5つ星ホテルの宿泊体験は一般的に素晴らしいものですが、その分対価を支払っているため当たり前ともいえるでしょう。

—

タイのバンコクから、飛行機で1時間半南下したリゾート地クラビには「バン サイナイ リゾート」というホテルがあります。このホテルは4つ星ホテルながら、過去にトリップアドバイザーでエリア1位を取りました。

5つ星ホテルを退けて1位を獲ることができた秘訣はなんでしょうか。

MEMO

トリップアドバイザーは、グローバルに利用されている旅行に関するクチコミサイトです。

図2-5 バン サイナイリゾート　https://www.bansainairesort.com/

サステナビリティを中心的価値に置いたホテル

施設や設備は5つ星ホテルにはかなわないものの、バン サイナイリゾートには旅慣れた人の期待を上回る多くの要素に満ちています。

心のこもったホスピタリティや静かで落ち着いたロケーションに加え、サステナビリティに配慮したサービスを徹底することが、このホテルをより魅力的に、そして唯一無二にしています。

> バン サイナイの取り組み一覧
> ■ 連泊の際、タオルやシーツを過剰に交換しない
> ■ シャンプーやボディソープは、ゴミが出る使い切りタイプでなく
> 　備え付けの容器に追加するリフィル式
> ■ オーダー形式で食材を無駄にしない朝食ビュッフェ
> ■ 太陽光発電による夜間の照明
> ■ 生のレモングラスをアロマに使用。ケミカルな芳香剤は使わない
> ■ リユースできる室内履き

通常、宿泊客用に客室に用意されているミネラルウォーターは、500ml程度のペットボトルです。しかしバン サイナイではガラス製ボトルで水を提供しています。

第1講で紹介したコトラーのマーケティングを思い出してみると、顧客満足に焦点をあてたマーケティング2.0までの価値観であれば、宿泊客には必然的にペットボトルで水を提供するでしょう。宿泊客にとって持ち運びができ、飲み終わったら捨てればよいペットボトルは利便性が高く、ホテル側のオペレーションも簡単だからです。それに対して、ガラスボトルはペットボトルよりも重く、バッグに入れて外出時に持ち運ぶのに適していません。割れる危険性もあります。

では、なぜバン サイナイはガラスボトルを選んだのでしょうか？
これはサステナビリティの価値観を重要視しているからです。ガラス瓶はリユースされます。ペットボトルは国によって100%リサイクルされない場合もあり、特に海に近いリゾート地では海洋ゴミやマイクロプラスチックの問題は身近な存在です。客室には「Save the world」という紙があり、過剰な消費を抑制するためにホテルとしてできることがさりげなく書かれています。

これはマーケティング3.0以降の価値観です。企業が目指している世界観やビジョンを顧客に提示することが重要で、このバン サイナイリゾートでは、サステナビリテ

図2-6　ガラス製ボトル

ィを志向し、循環経済に立脚した価値観を重視していることを宿泊客に提示しています。

Webサイトでバン サイナイリゾートの写真を見て予約した宿泊客は、「緑のあふれたリゾート地でのんびりできそうだ」というような期待を事前に抱くでしょう。機能的・情緒的な価値によって、バン サイナイはその期待に何不自由なく応えてくれます。その上で、宿泊客は滞在を通じてバン サイナイが掲げる意識の高さに気付き、共感します。サステナビリティに重きを置くことで、宿泊者にとって、ホテル滞在が期待を上回る唯一無二のサービスとなることに成功しています。

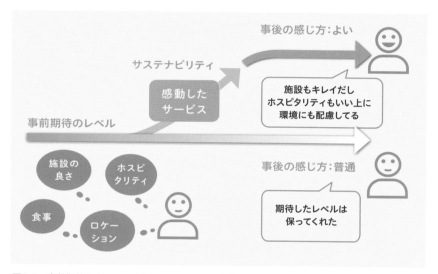

図2-7　事前期待を上回るほど心に残るサービスになる

機能的価値は経済の規模に左右されることがあります。しかし情緒的価値やサステナビリティに企業の規模は関係ありません。むしろ機動的な規模の中小企業の方がオリジナリティを発揮しやすいとも言えます。

	機能的価値	情緒的価値	サステナビリティ
Apple	◎	◎	○
IKEA	◎	○	◎
バン サイナイリゾート	○	◎	◎

世界観の比較表

ビジョンが企業を強くする

これまではユーザー起点でビジネスを発展させる方法について見てきました。つづいて自身で掲示した世界観を具体的なビジョンに落とし込み、成長を続けている企業を紹介します。

明確なビジョンが未来を切り拓く

埼玉県に内田精研という製造業があります。社員数20名程の中小企業です。
この企業では「NASAのパートナーになる」「F1マシンの部品加工に参加する」「人工関節を作る」という3つの経営ビジョンを掲げています。
企業規模から考えると壮大なビジョンです。第1講で見てきた「ムーンショット計画」のように感じる人もいるかもしれません。
内田精研は目標に到達するために技術力を高め、現在ではJAXAの種子島宇宙センターから発射されるロケットに搭載されている、エンジンの重要な部品を製造しています。

 考えてみよう

自分が担当するプロジェクトや自分が好きなプロダクトについてP040の「機能的価値と情緒的価値とサステナビリティ」の表に当てはめて要素を書き出してみよう。

Samsonite VS Gravity
https://www.youtube.com/watch?v=75Pu9rNUV1w

解答例　私は、Samsoniteの「コスモライト」というスーツケースを愛用しています。

Samsoniteは1910年の創業時から「過酷な旅にも耐える頑丈なトランクをつくること」を世界観として提示し続けています。その世界観の通り、スーツケースに求められる「機能的価値」を極限まで極めています。実際、容量94Lのスーツケースの重さはわずか2.6kgで、持ち運びやすく、旅を快適なものにしています。

「情緒的価値」には、そのデザインと質感が当てはまる

と思います。丸みを帯びた独特のフォルムは、二枚貝の貝殻（シェル）に発想を得ているそうです。自然で美しく、また、半光沢の「Curv」という独自素材は、しなやかで壊れにくいだけでなく、光の加減に応じてツヤを見せる質感が特徴的です。

「サステナビリティ」には、素材の丈夫さから1度購入すれば、長く使用できるという耐久性の高さが当てはまります。

図2-8　内田精研のWebサイト
http://uchida-seiken.com/

内田精研ははじめからロケット部品をつくっていたわけではありません。もともとは難削材の切削加工に強みを持つ製造業でした。「宇宙産業への参入」という目標をたてたのは、まだ社員数が5名のころでした。ロケットエンジンの部品加工に進出するという具体的なビジョンを掲げて技術を磨き、10年かけて実際にロケット部品を供給するようになったのです。

Memo

内田精研では品質のレベルを「宇宙品質」と呼んでいます。Webサイトの「宇宙品質」ページにそのストーリーが書かれています。
またその研削加工の精度から、F1マシンの部品加工に参加するという目標も達成しています。世界のF1サーキットを走るマシンのエンジン部品を製造しており、チームはレースで優勝することも増えてきました。

ここで、「世界観」と「ビジョン」についてまとめておきましょう。

企業やブランドの「世界観」とは、現実の世界を認識した上で、そのブランドが目指している世界がどのようなものであるかを製品やストーリーで提示することです。店舗を持つブランドであれば、店舗の内装も世界観の一部だといえます。さらにブランドのロゴや、Webサイトといった顧客との接点の1つ1つに世界観が表出します。

「ビジョン」とは世界観をベースにつくり上げた、未来へ向けた具体的な目標や青写真のことです。世界観がブランドのあるべき姿として、現実の世界で表現したいこと、できることを表すのに対し、ビジョンは未来の具体的な方向性を表します。

■ 世界観　　…　　ブランドのあるべき姿
■ ビジョン　…　　世界観を体現した具体的な方向性

内田精研の世界観は、技術力に裏打ちされた研削加工技術により、従来難しいとされてきた加工を達成することです。

そのために先に上げた3つの具体的なビジョンがあります。内田精研の顧客の多くは、競争力のある製品を生み出す企業です。製品に求められる精度が高く、製造過程で困難があっても、必ず最後には顧客の要望にあった品質をクリアすることが求められます。これにより、世界最先端の部品がほしい顧客（顧客のインタレスト）と、先端技術で仕事をする内田精研の世界観とビジョンが合致します。そのため、中小企業であっても、世界レベルでしのぎを削っている企業からのオファーが後をたたないのです。

内田精研は世界観を具体的なビジョンに落とし込み、地道に行動を積み重ねていくことで達成できることを教えてくれています。

ブレない世界観のつくり方

ここまで読んできて、自社や製品、プロジェクトの世界観とビジョンを明確に定める必要があると思った人もいるのではないでしょうか。成功するプロジェクトには型があります。世界観とビジョンを具現化できるワークを使って、自分の携わっているプロジェクトを書きだしてみましょう。

ここでは例として「桃太郎」を取り上げていきます。

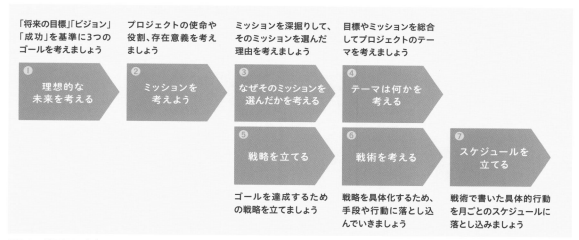

図2-9　世界観とビジョンを具現化する手順

手順1　理想的な未来を考える

理想的な未来としてプロジェクトの3つのゴールを考えましょう。表面的なゴール（将来の目標）、本質的なゴール（ビジョン）、内面的なゴール（成功）にわけて考えるとうまくいきます。

	ゴールの詳細	桃太郎に当てはめると？
1つ目のゴール（表面的なゴール）	プロジェクトの到達目標を考える	鬼退治
2つ目のゴール（本質的なゴール）	プロジェクトの成功を通じて何を成し遂げたいかを考える	●鬼が退治され村人たちが笑顔で暮らせる未来●鬼から取り戻した財宝でみんなを喜ばせること、●一緒に戦った動物たちも村で楽しく暮らせること
3つ目のゴール（内面的なゴール）	プロジェクトを通じて自分たちのどんな能力を引き上げたいかを考える	動物たちとともに困難に立ち向かい、乗り越えることで人として成長すること

表面的、本質的、内面的の3つのゴールを明確にすることで、目標を1面的ではなく、多面的に把握できるようになります。すると、次の手順の「ミッション」が抽出できるようになります。

手順2　プロジェクトのミッションは何か

ミッションは使命、役割、存在意義とも言い換えられます。「桃太郎」であれば、「村人たちの平和な暮らしを守ること」が桃太郎のミッションです。

しかし、「村人たちの平和な暮らしを守ること」というのは、かなり大きなミッションです。桃太郎はなぜ、そんなミッションを掲げるに至ったのでしょうか?

手順3　なぜそのミッションを選んだか

ミッションがあるのであれば、そこには必ず理由があるはずです。

「桃太郎」では、「おじいさんとおばあさんから愛情を受けて育てられていたところに、鬼がやってきて村が襲撃された。村が破壊されておじいさんやおばあさんたち困っていたから解決したい」というのが理由です。

手順4　プロジェクトのテーマは何か

手順1から3を総合してプロジェクトのテーマを考えます。「桃太郎」のテーマは「村の平和」です。

1〜3の手順を追わずに、いきなり「桃太郎の話のテーマは何ですか?」と聞かれると、「鬼退治」と答えてしまう人が多いのです。「鬼退治」は表面的なゴールであり、テーマではありません。この手順に沿って考えを進めていくことで、本質的なテーマに辿りつくことができます。

手順5　戦略をたてる

本質的なゴールを達成するための戦略をたてましょう。

いくら桃太郎が強くても、1人で鬼に立ち向かっていくのは無謀です。そこで仲間を集めて鬼を成敗するようにします。

桃太郎であれば、「3ヶ月以内に仲間を集めて強いチームをつくり、鬼ヶ島に鬼退治へ行く」というのが戦略となります。

手順6 戦略を具体化するための戦術を考える

戦略を具体化するため、手段や行動に落とし込んでいきます。その際、数字を入れることも意識しましょう。

例
弱点を補い合うため、異なるタイプの仲間(少なくとも3人)を集める
おばあさんにキビ団子をつくってもらい、仲間集めに使う

手順7 スケジュールをたてる

戦術で書いた具体的行動を月ごとのスケジュールに落とし込んでみましょう。

例	
1ヶ月目	計画を立てる。鬼の戦力(鬼の数・破壊力)を分析し、見積もる。鬼ヶ島へのルートを確認する
2ヶ月目	おばあさんにきびだんごをつくってもらい、鬼ヶ島に向かって出発する
3ヶ月目	鬼ヶ島への道すがら、きびだんごを餌に仲間(犬・猿・キジ)をつのる
4ヶ月目	船で鬼ヶ島へたどり着き、鬼を退治する
5ヶ月目	金銀財宝を奪還し、村へ凱旋する
6ヶ月目〜	金銀財宝で建築資材を買い、村を再建・復興する

参照:『グーグル会議術』(押切孝雄 著 技術評論社)

手順7までやってみると、プロジェクトの目的や目標、理由がはっきりしてきたのではないでしょうか。

このワークの中で肝となるのは、1つ目のゴール(鬼退治)によってもたらされる、2つ目のゴール(村人たちが笑顔で暮らしている)です。プロジェクトのテーマが「村の平和」であることを考えると、より分かりやすいでしょう。「村の平和」は鬼退治そのものではなく、鬼退治によってもたらされる「村人たちが笑顔で暮らしている」状態です。本質的なゴールは、1つ目の表面的なゴールを達成した後にもたらされます。

ワークを見ていて、いきなり本質的なゴールに到達するのが難しいと感じた方もいるのではないでしょうか。「基礎分析」を使って本質的なゴールを導き出し、「SMARTの法則」で導き出した内容をチェックしていきましょう。

☑ _____

MEMO

桃太郎の例は下記も参考になります。
『もしも桃太郎がミッション、理念、ビジョン、バリューを説明したら』

https://www.crassone.co.jp/blog/3644/

「基礎分析」による本質的なゴールの設定

まず、基礎分析をしていきましょう。基礎分析はSWOT分析のように、外部環境と内部環境を把握することが必要ですが、特に重要なのが外部環境を整理することです。外部環境とは、自分や自社ではコントロールできないことを指します。箇条書きで外部環境を書き出してみましょう。事実を書きだすことで、何が障壁となっているか、理想とする未来（本質的なゴール）が何かが明確になります。

「桃太郎」であれば、下記のような事実が想定できます。事実を書き出す際は、なるべく数値も入れて具体的に考えていきましょう。

■ 鬼（10匹）が村にやってきた
■ 金品（小判5両）を奪った
■ 食べ物（米10俵）を略奪した
■ 村の家屋（30軒）を焼き払った
■ おじいさん、おばあさんが悲しんでいる
■ 村人（100人以上）も悲しんでいる

書き出した事実から、以下のようなゴールが導きだせます。

■ 鬼が退治され村人たちが笑顔で暮らしている
■ 家を建てられて、村が復興している
■ 田畑を耕して収穫ができるようになる

「SMARTの法則」で本質的なゴールをチェックする

さらに「SMARTの法則」の法則を使って本質的なゴールをチェックしていきましょう。「SMARTの法則」を使うことで、その目標が無理のないものか、明確であるかを確認することができます。

SMARTの法則を最初に提唱したのはジョージ・T・ドラン（George T. Doran）氏です。ジョージ・T・ドラン氏は『Management Review』に掲載された『There's a S.M.A.R.T. way to write management's goals and objectives』という論文の中で、5つの成功因子の頭文字を繋いだ『SMART』という言葉を初めて使用しました。

引用：BizHint「SMARTの法則」のページより
　　　https://bizhint.jp/keyword/154004

	ゴールの詳細	桃太郎に当てはめると？
1	**Specific** 設定した目標は明確か	半年後、鬼が退治され、村人たちが笑顔で暮らしている
2	**Measurable** 目標達成率や進捗度は測定可能か	3カ月以内に仲間を集めて、強いチームをつくってから鬼ヶ島に乗り込む
3	**Assignable** 役割や権限を割り当てているか	欠点を補い合うことができる異なるタイプの仲間を集める
4	**Realistic** 現実的な目標を設定しているか	おばあさんにおいしいキビ団子をつくってもらい、仲間集めをする
5	**Time-related** 目標達成に期限を設けているか	3カ月以内に仲間を集め、強いチームをつくってから鬼ヶ島に乗り込む。 半年後、鬼が退治され、村人たちが笑顔で暮らしている

SMARTの法則

—

あなたが取り組んでいる仕事やプロジェクトのゴールについても、改めてこのワークに照らし合わせて考えてみると、目的や施策がハッキリするかもしれません。ぜひ実際に手を動かしてやってみましょう。

考えてみよう

図2-9『世界観とビジョンを具現化する手順』を使って、ビジネスやプロジェクトについて書きだしてみましょう。そのあとは、「基礎分析」と「SMARTの法則」を使用して、設定した目標が適切であるかチェックしていきましょう。

ちょっと深堀り

学生

今回の講義では内田精研が気になりました。
ビジョンを掲げてそれを達成していく企業姿勢は素晴らしいですね。
しっかりしたビジョンを持つことで、やるべきことが明確になるというのは、第1講で学んだムーンショット計画にもつながると思いました。

先生

「宇宙品質」という魅力あるビジョンを実現していく地道さに感動するね。この企業に会議のために訪問したとき、社長さんが帰り際に「これからロケットの打ち上げなんですよ」と言うんだ。まさにその日が、種子島の宇宙センターから、気象衛星ひまわり9号を載せたH-IIAロケットが発射される日だったんだよ。
それでたまたまロケット発射のシーンを見ることができたんだ。宇宙へ轟音とともに飛び立つ打ち上げ中継を見て、私でさえなんとも言えない感情がジワジワ湧いてきたよ。

静止気象衛星「ひまわり9号」打ち上げ（H-IIAロケット31号機）| Launch Report of the "Himawari-9" by H-IIA F31
https://www.youtube.com/watch?v=rHNGDQrEh2Y

学生

それは素晴らしいタイミングでしたね。

先生

経営者が宇宙分野に参入するという大きな目標を掲げ、それに向かって社員一丸、艱難辛苦の末に達成していった結果だからね。1年、2年でできることじゃない。10年単位でコツコツと積み重ねていった結果、ロケットエンジンの重要なパーツを製造する企業になったんだ。その想いが宇宙へ向けて飛び立つのは、企業ではたらく人たちのロマンを感じるよ。

学生

「下町ロケット」という小説やドラマがありましたが、まさにリアルにそんな企業があるのですね。

社員の方々もロケット打ち上げ成功を聞いて誇らしそうに見えたよ。

先生

学生

私もビジョンが明確な企業に就職できるように探してみます！

そうだね。まずは、ワークに取り組んで、あなた自身のビジョンを明確にすることからはじめてみよう。

先生

読んでみよう

『スターバックス成功物語』ハワード・シュルツ他 著　日経BP

『ヴァージン－僕は世界を変えていく』リチャード・ブランソン 著　阪急コミュニケーションズ

『渋谷ではたらく社長の告白』藤田晋 著　幻冬舎

『破天荒フェニックス オンデーズ再生物語』田中修治 著　幻冬舎

『世界観をつくる「感性x知性」の仕事術』山口周 水野学 著　朝日新聞出版

復習クイズ

Q1 世界観とは、ブランドの（　　　　）姿のことです。

Q2 ビジョンとは、世界観を体現した目指すべき（　　　）な方向性のことです。

Q3 サステナビリティ（Sustainability）とは、私達が暮らしている（　　　）、社会、（　　）が、長期的に持続することができるように、良好な状態を維持することです。

A1.　あるべき

A2.　具体的

A3.　自然環境、経済

第3講ではAISAREの1番目「アテンション」を深堀りします。

アテンションとは、人が商品やサービスの情報を通じてその存在を知るはじめの接点のことです。出会いがなければ、人々に興味を持たれることや検索されることはもちろん、購入されることもありません。ここではアテンションの種類とアテンション設計について紹介します。

Society5.0

情緒的価値

第3講

DX

出会いの設計

マーケティング
フレームワーク
AISARE

A	Attention
I	Interest
S	Search
A	Action
R	Repeat
E	Evangelist

SDGs

「A」ISARE：出会い

第3講ではAISAREの1番目である「A」（アテンション）を紐解いていきます。
消費者に商品を認知してもらうために何をするべきかと聞かれたら、多くの人が「広告を使って宣伝する」などと答えるのではないでしょうか。たしかにそれは正しい答えの1つです。しかし私たちは日々、驚くほどたくさんの情報に触れながら暮らしています。「認知してもらうための手段」と「ターゲット」を適切に選んで施策を組まないと、情報をただ垂れ流しているだけで、誰の目にも触れない（気付かれない）という状況になりかねません。日々新しい情報が出てくるこの現代では、どのようにターゲットを選び、どのような手段で人々にリーチするかがより大切となっています。

ある大学生の1日のはじまりを見てみましょう。

朝のはじまり

朝7時、左手首につけたスマートウォッチがブルブルと震えて、私（大学生）は目を覚ましました。スマホを見るとLINEに通知があります。画面をのぞきこんでいると、キッチンから母親の「朝ごはんよ」という声が聞こえました。寝室を出てダイニングへ行くと、こんがり焼けたトーストの匂いが鼻をくすぐります。お父さんは昔ながらの紙の新聞を読んでいて、弟はテレビを見ながら朝ごはんを食べています。テレビから流れているのは朝のニュースやCMです。私もなんとはなしにテレビを見ながら朝ごはんを食べました。

7時45分、大学へ向かうために準備を整えて家を出ました。電車通学のため、通い慣れた駅への道を徒歩で向かっていると、通り道に新規開店のため、工事が進められているお店があるのを発見します。近々新しいカフェがオープンするようです。ただ、このお店の前に入っていたテナントが何の店舗だったか思い出せません。駅前までたどり着くと、

ティッシュを配る人がいました。ティッシュはコンタクトレンズ屋のものでしたが、私は裸眼なのでコンタクトは必要ありません。

駅のホームへかけ上がると、いつもより人が多く混雑していました。電車が遅延しているようです。Twitterで検索すると、25分ほど前に他の路線であった事故の影響により電車が遅れているとのこと。他の駅ではすでに動きはじめていることがわかりました。数分後、やってきた満員電車になんとか乗り込みました。

電車ではいつもSNSをチェックしています。Instagramのフィードをざっと眺めると、気になる洋服がでてきて、タップしていくとECサイトへたどり着きました。価格を見て買おうかどうか逡巡しているうちに、大学の最寄り駅に到着しました。

多くの大学生が体験している何気ない朝の風景です。

こうしてみると、ニュース、テレビCM、街の様子、ティッシュ配り、Twitter、Instagram……朝の2時間だけでさまざまな情報やメディアに接していることがわかります。その種類も、旧来からあるメディアを介して受信する情報から、デジタル機器を介する情報までさまざまです。私たちは生活のなかで、デジタルとリアル両方のメディアを自由に行き来しています。

大学生が、朝の慌ただしい時間のなかで気付いた情報はこれだけですが、実際にはもっと多くの情報に接しながら生活しています。私たちは、膨大な情報がただよう現代で、無意識のうちに、情報を取捨選択しながら暮らしているのです。

MEMO

デジタルとリアルの垣根を越えたマーケティングの考え方をOnline Merges with Offline（OMO）といいます。

考えてみよう　街行く人に無作為にティッシュを配る方法は、少ないコストで消費者にリーチできる一方、ターゲットでない人にも配ってしまう可能性があります。ティッシュ配りの他に情報を届けられる手法として何が考えられるでしょうか。

解答例　街でティッシュを配るための費用（ティッシュ代、人件費）を使って、スマートフォン向けのWeb広告をする方法も考えられます。特にリスティング広告で検索をしている人に届ける施策は、ターゲットとのミスマッチが少なく効率的です。

情報との出会い方

情報との出会いは受動的と能動的の2つに分けられます。

受動的な出会いとは、意識していないときにもたらされる情報との出会いのことです。

たとえば先程の「朝のはじまり」のうち、

- 目的を持たないテレビ視聴
- テレビCM
- 歩いていて新店舗に気付く
- 駅前でのティッシュ配り

などは受動的出会いに分類されます。

受動的な出会いは気付く、気付かないに関わらず身の回りにあふれています。テレビの広告や、ニュースサイトのディスプレイ広告などもこれに該当します。また、会社にかかってくる営業電話なども受動的な出会いです。

それに対し、能動的出会いとは、意識的に情報を取りに行こうとしているときにもたらされるものです。

たとえば、

- 目的を持ったテレビ視聴
- 新聞を読む
- Instagramのフィードを眺める

などが能動的出会いに分類されます。

この他にニュースアプリの記事で新しい情報を知ることなども、能動的な出会いに分類されます。

MEMO

目的を持たず、日課としてぼんやり新聞を眺めているだけでは、能動的出会いとは言えません。

図3-1　能動的出会い、受動的出会い

カラーバス効果

目的を持って情報を取りに行くことで、効果的に情報を得ることができます。

突然、「目を閉じた状態で、部屋のなかにある赤いものを教えてください」と問いかけられたとき、あなたはいくつ答えられるでしょうか。その後、目を開けてから部屋のなかを見まわしてみると、いつもより多く、赤いものの存在が目につくことがあります。これは、カラーバス効果によるものです。特定の何かを意識した状態で物事を見ると、その意識したものに関連する情報を効率的に得ることができるというものです。カラーバス効果は、加藤昌治氏による『考具』（CCCメディアハウス）で、アイデアを生み出すための手法として提唱された考え方ですが、人に情報を認識してもらいやすくするための方法としても活用することができます。

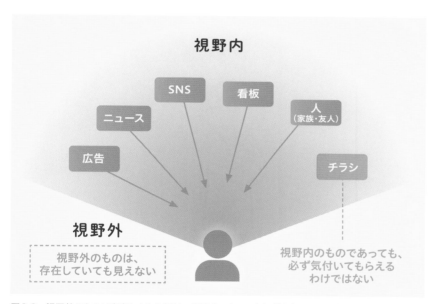

図3-2　視野外のものは存在しないと同じ。視野内であっても気付かないことも多い

**考えてみよう　あなたは「まつげを育てる」商品のマーケティングを担当しています。
商品を認知してもらう方法として、カラーバス効果を利用して
施策を考えてみましょう。**

解答例　人々の注目を集める言葉をつくり、商品を認知させる方法が有効です。たとえば、「まつ育」という言葉は近年出てきた言葉です。はじめて「まつ育」と いう言葉を聞いた人は、その言葉の新しさ、耳慣れなさから「マツイクってなんだろう?」と関心を持つようになり、関連する情報への感度が高くなります。

情報が能動的であれ受動的であれ、そもそも消費者の視野に入らなければ、存在しないも同じであるということをおさえておきましょう。広告を出していたとしても、そのターゲットがずれていたら視野内に入らず、見逃されてしまいます。また、視野内にあっても気付かれないこともあります。

目に入っていても脳がそれを意識しないと、認識しているとは言えません。
たとえば、P058の「朝のはじまり」の中でも、カフェができる前のテナントについては思い出せないというエピソードがありました。通学路にあり、毎日のように目にしているはずのお店なのに、まわりの店舗に埋もれて気付かないということはよくあることです。「存在するのに気付かれない」から閉店したとも言えます。企業の立場から見れば、いかにアテンションが必要であるかがわかります。アテンションは企業の存続の第一歩なのです。

 書いてみよう

日常のなかで、意識が変化したことでこれまで気付かなかったものが見えるようになった経験はありますか?

例:子供を持ってはじめて、道行く子供の存在に気がつくようになりました。街を歩いていると「少子化と言われるけれど、こんなにも子供がいるじゃないか」と思うほど目に入ってきます。もちろん単身だったころも、子供の存在に気付いていなかったというわけではないのですが、今は気付き方がまるで違います。自分の関心が子育てにあるため、他の子供が目に入ると脳が反応するのだと思いました。

顧客と商品の出会いをデザインする

企業にとって、顧客とのファーストコンタクトは重要です。

第2講の「インタレスト」では、企業や商品には世界観とビジョンが必要であることを紹介しました。商品の世界観が定まっていれば、その商品が、どういう人をターゲットにするかということを考えることは難しくありません。たとえば地球や人にやさしいオーガニック食品を扱う食材店であれば、狙うべきターゲット層は明確でしょう。

世界観からアテンションを設計するとうまくいく

図3-3 アテンション設計の流れ

新しい商品との出会いの演出

人々の注目を集めるにはどうしたらよいでしょうか。

書籍『アテンション』(ベン・パー 著 飛鳥新社)によれば、「謎」が鍵になるといいます。人は謎が提示されると解き明かしたくなるものです。効果的に謎を設定することで注目を集めることができます。

—

Appleはこの手法を効果的に活用しています。毎年カンファレンスでiPhoneやiPadの新作が発表されますが、商品の詳細は当日まで厳格に情報が管理されています。そのことがより人々の興味を引き、WebやSNS上で数週間前から噂やリーク情報が流れることで、カンファレンスがますます注目を集めるようになります。

MEMO

カンファレンスは新しい商品との出会いを演出するのに有効な手法です。かつてスティーブ・ジョブズのカリスマ的なプレゼンテーションに魅了された人もいるでしょう。カンファレンスで新しい商品や技術を発表する手法はAppleだけにとどまりません。たとえばGoogleでは定期的にGoogle I/Oを開いています。また、日本でもソフトバンクなどは大掛かりなカンファレンスを開き代表の孫正義氏から直接来場者へ語りかけるという手法をとっています。こういったライブでの語りかけは臨場感が強く、人々に商品を知ってもらう場として効果的です。

企業が顧客とどのようにファーストコンタクトを取るべきか、具体的な手法を見ていきましょう。

—

街の中心から少しはずれた住宅街にパティスリーがあります。賞を受賞したこともある、腕に自信のあるパティシエが運営しています。しかし、お店にはなかなか人が来てくれません。そもそもお店の存在が街の人たちにあまり知られていないようです。どのようにしたら人々にお店を知ってもらえるでしょうか?

—

情報を発信しなければ知る人ぞ知る…で終わってしまう

顧客とファーストコンタクトを取る手段は実に多くのものがあります。

この場合、地域のミニコミ誌に広告を打ったり、店舗の看板を道に立てたり、新聞に折り込み広告を入れたり……と打つ手はさまざまです。WebサイトをつくってGoogle広告に出稿する方法もあります。まずは街の人たちに知ってもらうのが目的ということであれば、チラシポスティングをするのも効果が見込めるでしょう。ただし、人的リソースにも広告費用にも限りがあります。多くの手段を同時に展開できればよいかもしれませんが、現実にはなかなか難しいものです。適切な手段を選ぶため、消費者と商品の出会い方について、理解を深めていきましょう。

図3-4　情報との出会い方

企業から設計できる出会いは主に「ニュース」「SNS」「リアル」「広告」の4つです。それぞれの出会いに特性があります。

| ニュースによる情報との出会い

ニュースとは、テレビのニュース番組や新聞記事、Webメディアにて取り上げられるような新規性のある情報のことです。

たとえばニュースで取り上げて欲しい商品が「服」の場合、単に「軽くて暖かな服」という特徴だけでは、類似製品が多くあります。情報としての新規性に乏しく、この情報だけではニュースになりにくいでしょう。しかし、それが米国大統領就任式の時にファーストレディーが着ていた服であればどうでしょうか。しかも、日本のある地方にある小さなメーカーがつくった特殊な繊維を編んで製造されたものだった、となれば話は異なります。新規性があり、多くの人の耳目をひくニュースになるでしょう。

しかしこのときに、情報の露出をメディア任せにしていてはいけません。ニュースで「ファーストレディーが着ていた服」が取り上げられる際に、メディアがその服がつくられている繊維の情報まで細かく調べあげてくれれば理想的です。しかし、多くの場合、メディア任せにしておくと、「日本のメーカーが繊維をつくった」という情報は気付かれず、そのまま埋没してしまうことが考えられます。商品を知ってもらう、またとない機会を逸してしまうのです。

そこで活用するのがプレスリリースです。ファーストレディー着用の服が、自社で製造した繊維を使用した製品であることを公式にプレスリリースとして媒体各社へ知らせておくと、メディアが情報に気付いてくれる確率が高まり、ニュースとして紹介される機会が増えます。このように、プレスリリースは自社の商品についてメディアに取り上げてもらうために企業が行える施策として、適切な方法の1つです。

ただし、取り上げて欲しい情報が採用されるかどうかは媒体側に権限があるため、企業側としては情報をコントロールしづらい面があります。

このように、自社の商品をメディアにとりあげてもらい、ニュース化することはPRという分野の仕事です。PR（パブリック・リレーションズ）とは、公衆とよい関係をつくることです。一般の人たちに自社の情報が広く伝播するよう、消費者の共感を得られるような情報を中心に、メディアに向けてプレスリリースを打ち、新聞やテレビ、Webサイトなどにとりあげてもらいます。メディア各社とやり取りをすることも重要な仕事となります。

┃ SNSによる情報との出会い

SNSを利用した出会いの設計として一般的なのは、自社のアカウントを持ち、SNSで情報を発信していくパターンでしょう。また、商品を購入した顧客が写真付きでレビューやコメントなどの情報を発信し、それが不特定多数の人々によって拡散されるパターンもあります。自社で運営するSNSでの情報発信は、公式情報のため消費者からの信頼性が高く、情報のコントロールもしやすいため比較的手軽にはじめることができます。

それに対して消費者による情報の拡散やシェアは、企業が意図しない形で自発的に行われることがあります。こうした自発的な情報の拡散は、時に公式が発信する以上の力をもって商品を推奨してくれます。

●SNSでの情報拡散を設計する

SNSの情報拡散を設計するときに重要になるのは、企業が自ら情報を発信するという視点だけでなく、消費者の力を借りるという視点です。

消費者によるSNSでの自発的な情報発信には計り知れない力があります。情報の影響力はアカウントのフォロワー数などによって千差万別ですが、場合によっては何百倍、何千倍にもなる可能性を秘めています。友人や近しい人によるSNSの投稿は、この後、P068の「情報とのリアルな出会い」でも取り上げるように、情報を身近に感じ、影響を受けやすいという特徴もあります。

それでは、消費者が思わず写真を撮り、SNSに拡散してしまう状況をどうつくり出すのか、具体的に情報拡散を設計する際のポイントを2つ紹介します。

1 写真映えスポットの設置
2 ハッシュタグ用の言葉をつくっておく

MEMO

知り合いのツイートから情報を得た場合は「SNSによる出会い」と「リアルの出会い」の両方に分類されます。

1. 写真映えスポットの設置

情報拡散を設計するためのポイントの1つ目は、思わず写真を撮ってしまいたくなるようなスポットや場面を用意しておくことです。写真を撮った消費者は、その画像をSNSでシェアすることがあります。このとき消費者は、誰かに写真を撮ってSNSでシェアするよう指示されたわけではありません。何か特別な体験をすると、思わず他人にシェアしたくなるという人の心理に根ざした行動を取っています。

企業側は、そうした消費者の心理を活用して、SNSで情報がシェアされやすいよう、意図的にこの状況を設計していきます。この取り組みは飲食業だけでなく、さまざまな業種や業態で設計することが可能です。写真映えスポットの提供は、たとえば、ホテルのフロントにホテルロゴの入ったパネルを用意しておくだけでも達成できます。観光などでホテルに宿泊する人は、そもそも写真を撮れるスポットを探しているものです。これだけでも、写真を撮る宿泊客が増えます。

この写真映えスポットを用意するという施策は、企業だけにとどまりません。たとえば、観光協会のような取りまとめ団体でも可能です。絶景の前に大きなフレームを設置しておくことで、写真を撮る観光客が増え、SNSに投稿されやすくなるでしょう。

図3-5　思わず写真を撮りたくなるスポットと意図したハッシュタグを入れてもらう工夫が必要

2. ハッシュタグ用の言葉を散りばめておく

消費者のSNSへの投稿を誘発するために、企業や運営団体側がハッシュタグ用の言葉をつくっておくことも重要です。ハッシュタグとは「#」を頭につけた文字列のことです。投稿のラベルのようなもので、InstagramやTwitterでは、ハッシュタグで検索できます。そのため、ユーザーに投稿を発見してもらう有効な手段になっています。

ユーザーが自発的にSNSで投稿するとき、企業が意図したキーワードをハッシュタグに入れてもらうことは、企業のマーケティングの観点からも有効です。意図した通りのハッシュタグを入れてくれることで、他の言葉に分散することなく、それを目にするユーザーに対して企業が情報を伝えやすくなるからです。

洞爺湖にあるフォトフレームには、記念切手のスタンプのような体裁で「洞爺湖温泉　北海道」という文字がのっています。これにより、SNSユーザーは洞爺湖というキーワードをハッシュタグに使用することを誘発されます。

また、地名が一目でわかるため、SNSで投稿がシェアされた時にも、写真を見ただけでそれがどこで撮られたものなのか明確となります。InstagramやFacebookなどのSNSでシェアされることで、その投稿をみた人たちが興味関心を持ち、投稿をきっかけにしてそのスポットへ訪れるというアクションに移行してくれる可能性が出てくるのです。

情報とのリアルな出会い

リアルな出会いとは、家族や友達、職場の人との会話のなかで発生するものです。リアルな出会いでは、その情報をもたらした相手への信頼度が、そのまま影響力となります。この影響力は、リアルの出会いにしかない強みです。

人はよく知っている人、信頼している人からの情報に影響されやすいものです。テレビで知ったときには気にならなかった商品が、家族や友人からすすめられた途端、試してみる気持ちになったという経験をした人もいるでしょう。

一方でたとえば会社の受付に、アポ無しの営業マンが訪問してきたらどうでしょうか。その営業マンが扱う商品やサービスがいくらよさそうに見えても、初対面で信用のない人間からの情報を鵜呑みにする人は少ないものです。

それでは、メディアから発信される情報の信頼度はどうでしょうか。

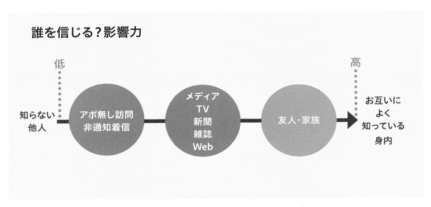

図 3-6　情報の影響力は信頼性に比例して大きくなる

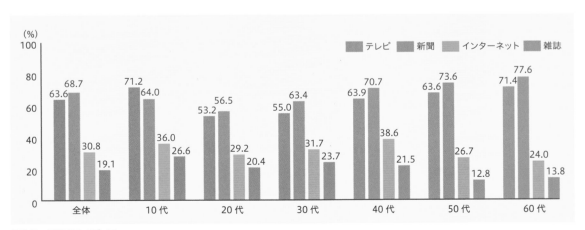

図 3-7　信頼するメディア
出典：総務省情報通信白書　令和元年版「メディア別信頼度（全年代・年代別）」
https://www.soumu.go.jp/johotsusintokei/whitepaper/ja/r01/html/nd114120.html

図3-6「情報の影響力は信頼性に比例して大きくなる」では、影響力において中間に位置しているメディアですが、その信頼度は、年齢によって大きく異なることがわかっています。また、私たちはWebメディア、テレビ、新聞、雑誌と日々さまざまなメディアに接して生活していますが、そのメディアの種類ごとに信頼度は異なるのです。

総務省のデータによると、60代では7割以上の人が新聞やテレビの情報を信じている一方で、インターネットで得た情報は4人に1人も信じていないことがわかりました。それに対して、20代では新聞もテレビも5割強の人しか信頼していないことがわかります。その一方でインターネットの情報は、約3割の人が信頼していると答えています。

図3-7「信頼するメディア」を見ると、同じ情報でも年齢層に応じて捉え方が異なるということは明らかです。また、インターネットで得られる情報についてはリテラシーの問題もあります。Webの情報は有象無象です。噂話レベルの出典がはっきりしないものや、真偽の怪しいまとめ記事から、取材をしっかり行っているWebニュース、友人が投稿するSNSの情報までさまざまです。この情報は信頼できる、できないという判断は経験からもくるもので、ある程度Webサービスを使い慣れている必要があります。

情報との出会い方を設計する上で、ターゲットの特性を分析することは重要です。図3-7「信頼するメディア」を参考に、ターゲットの年齢層を考えて、どのメディアに取り上げられるのがもっとも効果的かということも把握した上で、アテンションの施策を選択するようにしましょう。

┃ 広告による情報との出会い

広告による出会いの設計には、テレビCMからWeb広告までさまざまなものがあります。広告はお金がかかることがネックではありますが、何か情報を伝えたい、宣伝したいという場合には即時的な効果が期待できる手法です（もちろん商品の内容や広告手法によって吟味することが重要です）。Web広告は、ターゲットを細かく設定することもできます。ターゲット層が決まっていれば、成果を確認しながら段階的に広告を出していくということもできます。

—

街のケーキ屋さんの場合、CMを打ったりプレスリリースを打つ手法は、コストを考えると取り組みにくい施策かもしれません。街の人に知ってもらうことを第1の目的とするのであれば、まずは口コミを重視した施策（タウン誌への掲載、SNSの活用）を採用するのがより適切だと言えるでしょう。

インターネット広告

情報のコントロールがしやすいインターネット広告は、企業が人にアプローチする際の王道の手法です。ここからは広告について詳しく見ていきましょう。

広告市場の大きさ（日本と世界）

世界全体の広告費は増加を続けています。

世界的に見ると、インターネット広告は2021年には48%へと成長する見込みです。テレビ広告の31%を大きく上回り、全広告の約半分に達しています。

それに対して日本の広告状況はというと、2020年のコロナ禍での特殊な事情も相まって、「マスコミ四媒体広告費」と「プロモーションメディア広告費」が前年割れする一方で、「インターネット広告」が続伸しシェアを3割強まで高めました。

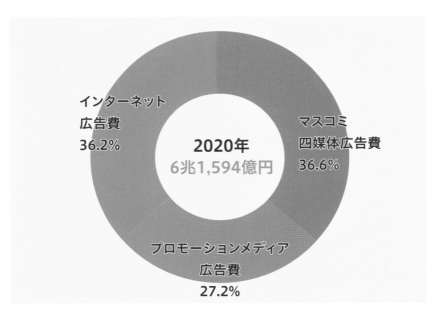

図3-8　2020年日本の広告費の内訳
出典：電通「2020年 日本の広告費解説」を基にマイナビ出版にて作成
https://dentsu-ho.com/articles/7665

日本でも1位になったインターネット広告

日本の広告費推移を見てみましょう。

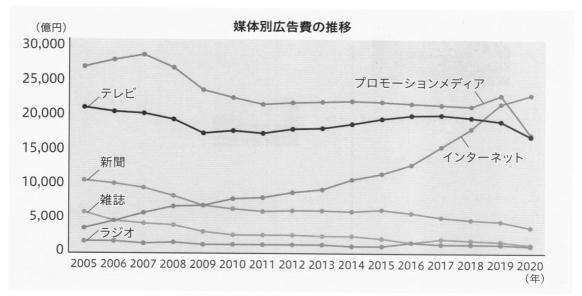

図3-9　マスコミ4媒体とインターネット広告の推移
出典：電通「2020年日本の広告費」を基にマイナビ出版にて作成
https://www.dentsu.co.jp/news/release/2021/0225-010340.html

これは媒体別の広告費推移を表したグラフです。

2006年に雑誌を抜き、2009年に新聞を抜いたインターネット広告は、2019年にはついにテレビ広告を抜きました。そして、コロナ禍の2020年には、プロモーションメディア広告が落ち込みを見せる一方で、インターネット広告が続伸して、はじめてカテゴリ別で1位となりました。

アテンション設計をする際に、インターネット広告の存在はより欠かないものになるでしょう。

インターネット広告のうちここでは「ディスプレイ広告」「リスティング広告」「リマーケティング広告」の3つを詳しく見ていきます。

ディスプレイ広告

ディスプレイ広告とは、ニュースサイトやSNSに画像形式で表示される広告のことです。ディスプレイ広告はバナー広告と呼ばれることもあります。ニュースサイトを見ていると、記事横や記事上に画像型の広告が表示されていることがあります。それがディスプレイ広告です。クリックすると、広告主のページへと遷移します。

ディスプレイ広告は、画像を使ってユーザーの視覚に訴えてアピールすることがで

図3-10　バナーで表示されるディスプレイ広告

きるため、注目を集めやすい広告です。商品やサービスの存在を知らないユーザーとはじめの接点をつくることも多く、ユーザーの潜在的なニーズを引き出し、アテンションを獲得できます。

ディスプレイ広告の主な媒体は、Googleディスプレイネットワーク（GDN）とYahoo!広告 ディスプレイ広告（YDA）です。

リスティング広告

リスティング広告はスマートフォンやパソコンから検索エンジンで検索をしたとき、検索結果画面の上部や下部に表示されるテキスト型の広告のことです。
ユーザーが検索したキーワードに応じて、その検索語句にふさわしい広告がリスト表示されます（※1）。
リスティング広告は表示されるだけでは費用はかかりませんが、1回クリックされる毎に費用が発生します。そのためPPC（Pay Per Click）広告とも呼ばれます。「検

※1
たとえば「バースデーケーキ」と入力して検索したら、パティシエのお店のリスティング広告が表示されます。

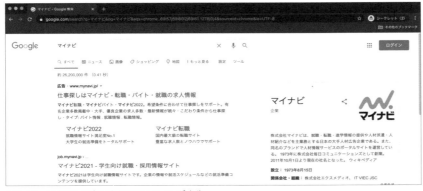

図3-11　テキストで表示されるリスティング広告

索連動型広告」と呼ぶ人もいます。

代表的なリスティング広告にGoogle広告とYahoo!広告があります。

ディスプレイ広告とリスティング広告の違い

一見、性質が同じように見えるディスプレイ広告とリスティング広告ですが、画像や動画で見せるディスプレイ広告と、テキストのみを使ったリスティング広告は表示方法以外にも違いがあります。

● 広告が表示される場所

リスティング広告は、検索エンジンの検索結果の上部や下部に表示されます。

それに対してディスプレイ広告は、ニュースサイトの記事の本文の間に挟まって表示されたり、ポータルサイトの目立つ位置に表示されたりと、さまざまな場所に表示されます。

●「ブランド認知」か「今すぐ客」か

消費者が検索エンジンに何らかのワードを入力して検索するとき、消費者はすでにその商品を知っている、もしくは欲しい商品の明確なイメージがあるということになります。消費者行動で言うとアテンションとインタレストの段階を経て、具体的に対象を知りたいと考えている「サーチ」の段階です。自ら情報を取得しようとしているため、そこでの出会いは能動的出会いに分類できます。リスティング広告は「今すぐ客」に効く広告です。たとえば「青汁」と検索するユーザーは、今すぐに青汁を飲みたい、買いたいと考えている、青汁に興味を持っているユーザーである可能性が高く「今すぐ客」と呼べるでしょう。リスティング広告は、消費者の購買意欲が高いときに表示されるため、適切なアテンションとターゲットを設計していれば、成約率の高い広告といえます。

それに対して、青汁を深く知らない、必要性を感じていないユーザーもいます。当然、検索エンジンで自ら「青汁」とは検索しません。このようなユーザーには、青汁のことを知ってもらうため、ディスプレイ広告を打つことが有効です。これはブランド認知のための広告です。

目的に応じた適切な使いわけが重要となります。

広告予算が限られていて、リスティング広告とディスプレイ広告どちらかしか打てないという場合は、まずリスティング広告を優先してみましょう。検索エンジンで検索して、広告をクリックする人は、今すぐに商品を購入する意欲があり、問題を解決したいと考えている人が多いという傾向があります。広告を出稿する企業としては、

そういった見込み客を効率よく引き上げるのが、広告で費用対効果を上げるコツです。

リマーケティング広告

リマーケティング広告は、1度商品の購入を検討した人に再び表示される広告です。ユーザーに再度広告を表示することによって、アクション（購入）へ移行してもらうことを目的としています。たとえば楽天市場で見ていた商品を買わずにいたところ、後日ニュースサイトで同じ商品がディスプレイ広告として表示されることがあります。これがリマーケティング広告です。忘れかけていた商品を思い出すきっかけになるため、購入へ向けて消費者の背中を押す広告とも言えます。

AISAREに当てはめると適切な広告手法がわかる

AISAREの消費者行動パターンを広告にあてはめてみると、どのタイミングにどの広告を使うのが効果的かわかり、計画的に広告を打つことができます。

広告をうまく使えば最初のアテンションだけでなく、リピート、推奨につなげていくことも可能です。売り出したい商品の特徴やターゲットを考えたうえで適切に選んでいきましょう。

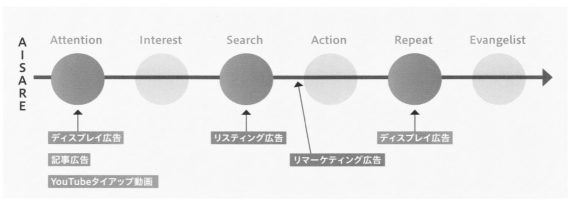

図3-12　AISAREに効く広告

広告の注意点

広告は消費者に商品を知ってもらう際には欠かせない存在ですが、気を付けなければいけない点があります。

以下は広告に対する印象をまとめたグラフです。

読み飛ばすことができるディスプレイ広告ですら、半数以上の人が不快感を抱いたことがあると回答しています。

特にYouTubeなどを観ているときに動画と関係性が薄い広告を入れられたり、広告の回数が頻繁だったりすると、どうしてもうっとうしく感じてしまうものです。下手をすれば広告の存在だけでなく、企業自体に不快感を抱かれてしまう場合もあります。

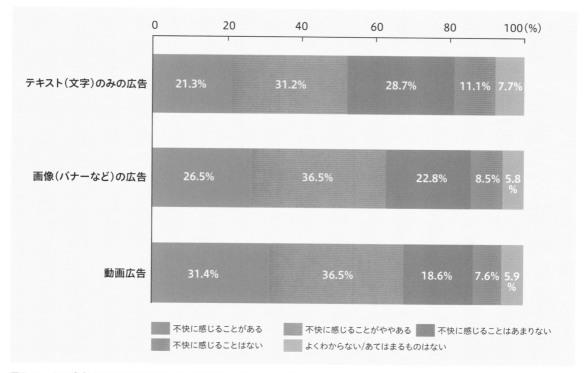

図3-13　タイプごとの動画広告の印象（株式会社ジャストシステム調べ）
出典：株式会社ジャストシステム「テキスト広告や画像広告よりも、動画広告が不快」を基にマイナビ出版にて作成
https://marketing-rc.com/report/report-video-20200317.html

｜ TPOに合わせた広告

広告はターゲティングが重要です。商品と消費者のニーズがぴったり合っていればいるほど売れるからです。また、ターゲティングがうまくできていない広告は、本来のターゲット層に認知されないばかりか、興味がない人のもとに表示され、不快に

思われることもあります。しかし、うまくターゲティングできていればいいかというと、そういう訳でもありません。消費者は過度にターゲティングされることを嫌うことがあります。

たとえば体型や体の悩み、ダイエットなど、コンプレックスの商材に関する広告は、リマーケティングによって再度出てきて欲しくない場合もあるでしょう。コンプレックス商材に関してはリマーケティング広告ではなく、ユーザーが自ら情報を取得しようとして表示されるリスティング広告を採用することをおすすめします。また、広告は消費者の興味や関心に応じて表示されますが、いくらゴルフが好きだとしても、日常的に同じゴルフ場の広告を目にしている状態では新規のクリックは期待できません。

嫌われない広告

それに対して嫌われにくい広告もあります。それはターゲットとタイミングがしっかり合った広告です。

子供向けの戦隊モノのテレビ番組があります。そこで流れる広告は、多くの場合、戦隊モノのグッズを紹介するものです。このとき、ターゲットである子供は戦隊モノの番組を見ているので、そのグッズの広告が流れることに違和感はありません。小さい子であれば本編の番組と広告に一体感を感じ、本編よりCMのほうにテンションがあがる場合（※2）すらあります。

このように、ターゲットとタイミングがピッタリ合ったWeb広告は嫌われないばかりか歓迎される例といえます。

※2
4、5歳以下の子供では番組と広告の区別がつかないためと考えられています（米国心理学会の「認知発達と広告理解」の調査より）。このため、スウェーデン、ノルウェー、カナダの一部など、12〜13歳未満を対象とした広告を禁止している国もあります。タバコの広告と同じ扱いです。

出典：
https://www.cao.go.jp/consumer/iinkai/2017/010/doc/20170218_shiryou1_4.pdf

考 えてみよう

Web広告で、ターゲットとタイミングがしっかり合った広告とはどのような広告でしょうか。

解答例　夜、仕事から帰ってくると、自宅の洗面所で水漏れが発生してしまいました。水道からは今も水が漏れ出しており、しかも少しずつ勢いを増しています。今すぐに専門業者を呼んで、対応しなければいけません。しかし、すでに時刻は22時をまわっています。さすがに今すぐ業者に来てもらうのは難しいかもしれないと思いつつも、スマートフォンを取り出して「水漏れ」と検索しました。すると「24時間365日受付、深夜早朝もOK！」と書かれた広告が表示されました。テレビCMなどでもよく見る業者のため、信頼できると判断し、すぐに連絡をとって修理してもらい、事なきを得ました。

調べてみよう

第一想起とはあるカテゴリについて、頭に思い浮かべた時に一番はじめに思い浮かぶブランドのことです。

たとえば、ネットでものを買うとなったらAmazonを一番に思い浮かべる人もいれば、楽天市場やYahoo!ショッピングが浮かぶという人もいるでしょう。

それに対してフリマアプリといえば、まずメルカリが浮かぶという人は多いのではないでしょうか。第一想起を取ることができれば、その分野のリーダーになりやすくなります。

考えてみよう

テレビ番組の中で、番組と広告の内容がしっかりターゲットに合っていると思う番組をあげてみましょう。

解答例　日本テレビで日曜夕方に放送されている「笑点」と言う長寿番組があります。

CMでは、高齢者用の尿漏れシートや成人用おむつが流れています。もちろん「笑点」を見る人がすべて高齢者と言うわけではありません。しかし、メインの視聴者が高齢者であること、そして視聴時点で必要のない若い人でも、10年後、20年後に商品を必要とする可能性は十分にあります。

そう考えると、ここでアテンションを取り商品を認知してもらうことで、必要にかられたとき、商品について1番に思い出してもらえる可能性が増え、購入されやすい状態をつくることができます。これが第一想起「調べてみよう」にて説明）を取るということです。

また、今は老老介護の時代のため、「笑点」を見ている世代が親のためにおむつを購入するということもありえます。番組本編と広告とがしっかりターゲットに合っている事例です。

ちょっと深堀り

学生1

「どう出会うか」というアテンションの設計が興味深かったです。

今考えると秀逸につくられていたなあと思った出会いはある？

先生

学生1

家の近所に倉庫があるんですが、バイト募集の張り紙を倉庫の敷地内の壁に一周するかのように貼ってありました。明らかに過剰な数でしたが、やはり気になって目を向けてしまったので有効だと思いました。

それは遠くからでも広告の存在が目立ちそうだ。気になって近寄ってみたら、求人募集だったということに気付くパターンだね。倉庫のそばに住んでいる人を募集するにはよい方法かもしれない。

先生

学生2

私は駅ナカのカフェでバイトをしています。通勤や通学のために駅を利用している人が多いため、すでに利用者には何かしらの本業がある人がほとんどです。そんな中、バイト先では出入口ではなくレジの近くにバイト募集の紙を掲載していました。しかも、一般的な募集内容と【大学生】という表示を目立たせる募集、2種類を掲載していたんです。これは実際に店を利用している方で、とくに学生に興味を持ってもらうためだったのかなと思いました。

よいところに気がついたね。「みなさん！」と呼びかけるより「大学生のあなた！」と呼びかけたほうが、学生にとってはピンとくる。いつも自分が意識している「大学生」という言葉だから、ぱっと目に飛び込んでくるカラーバス効果をうまく利用しているね。

先生

学生2

はい。学生はお小遣いのためにバイトをはじめる人が多いですし、実際に利用している人が必ず目にするレジの近くに求人募集の紙を掲載することは、出入口に掲載するよりも有効だと思いました。ターゲットである学生もバイトに応募しやすかったのではないかと思います。

実際に大学生からの応募はあったの？

先生

学生2

はい。大学生バイト4人中3人がそこからの応募で、実は私もレジ横のアルバイト募集の張り紙を見て応募した1人なんです（笑）。

それは効果があったということだね。

先生

読んでみよう

『アテンション』ベン・パー他 著　小林弘人 解説　飛鳥新社

『考具』加藤昌治 著　CCCメディアハウス

復習クイズ

Q1 PR（　　）とは、公衆とのよい（　　　）のことです。

Q2 リスティング広告はスマートフォンやPCから検索エンジンで検索をしたときに、検索結果画面の上部や下部に「広告」と表示される（　　　　　）型の広告のことです。

Q3 正誤問題：
日本ではインターネット広告費は、2015年にテレビ広告を超えました。
この文章は正しいかどうか。

A1.　パブリック・リレーションズ、関係づくり

A2.　テキスト

A3.　誤り、正解は2019年

レオナルド・ダ・ヴィンチの言葉に「もっとも高貴な娯楽は、理解する喜びである」というものがあります。Web検索がない時代、百科事典を調べたり、知識がある人に尋ねたりと、知りたい欲求を満たすにはコストがかかりました。この講義で扱うのはSearch（検索）です。検索と言えば「ググる」という言葉があるほど今ではGoogleが代名詞となっていまが、今ではInstagramやTwitterを目的ごとに使い分けて検索することも少なくありません。変化していく検索に対応できるよう、検索にまつわる知識を身に着けていきましょう。

Society5.0

情緒的価値

第4講

DX

変化する検索

マーケティング
フレームワーク
AISARE

SDGs

A　Attention

I　Interest

S　Search

A　Action

R　Repeat

E　Evangelist

本講の要点

- 検索の重要性
- Google 検索と分析ツール
- SNS 検索と検索の未来

AI「S」ARE：検索の重要性

AISARE の S（サーチ）は、企業から消費者に対するはじめてのアクションです。商品に興味を持ってもらうため、アテンションとインタレストをうまく仕込むのは重要なポイントですが、その後、検索まで至った見込み客を意図した Web サイトに呼びこむことができなければこれまでの施策の意味がありません。そのため、いかに検索の精度を高められるかが必要となってきます。

ここでは検索にまつわるコンテンツマーケティングや SEO について理解を深め、その後は変化していく検索について学んでいきましょう。

オウンドメディアを強化する

コンテンツマーケティングとは、有益なコンテンツを制作して Web に公開し、見込み客を Web サイトにアクセスさせて顧客化するマーケティング手法です。

自社の Web サイトを Google や Yahoo! の検索上位に表示させることで、サイトにアクセスしてもらい、成果に結びつけます。

コンテンツマーケティングで重要なことは、ユーザーにとって役立つ情報を提供することです。企業は自社のサービスや商品の宣伝を掲載することに偏りがちですが、自社の世界観を伝えるコンテンツも掲載すると、その世界観を理解した消費者が結果的に商品やサービスを購入してくれる可能性が高まります。

企業の世界観をうまく伝えているコンテンツマーケティングの事例を見てみましょう。

| コンテンツマーケティングの成功事例：スープストックトーキョー

スープストックトーキョーの Web サイトには、「ストーリー」というコンテンツがあります。「ストーリー」はスープストックトーキョーにまつわる「スープのひみつ」や「産地だより」、「お店のひみつ」などのカテゴリーで構成されています。

MEMO

成果は Web サイトによってさまざまです。BtoC の物販サイトであれば購入が成果となり、BtoB の企業向けサービスであれば問い合わせが主な成果となります。

MEMO

第2講の復習ですが、「世界観」とはブランドのあるべき姿のことです。

図4-1　スープストックトーキョーWebサイト「ストーリー"スープのひみつ"」
https://www.soup-stock-tokyo.com/story_category/soup_secret/

その中の「スープのひみつ」では、さまざまなスープの背景がストーリーとしてまとめられています。たとえば、「カナダの海の恵み」という記事では、定番スープの「オマール海老のビスク」で使用されるオマール海老について、カナダの漁師たちによる水揚げの現場から日本に届くまでのストーリーが、文章と臨場感のある写真を通してビジュアルでもわかるように構成されています。このコンテンツを読んだあとでは、いつもの「オマール海老のビスク」の味わいに加えて、たくさんの人たちの丁寧な手仕事と優しい気持ちとともにはるばるカナダからやってきたオマール海老のストーリーが心にも染み渡ります。

これらのコンテンツを通して、スープストックトーキョーの丁寧につくられて安心して食べられるスープの世界観が伝わってきます。

商品紹介ページとは別に「ストーリー」というコンテンツがあることで、スープストックトーキョーというブランドの奥行きが感じられ、消費者はスープストックトーキョーの世界観に愛着を深めるようになります。

MEMO

「カナダの海の恵み」ページ

https://www.soup-stock-tokyo.com/story/giftfromthesea/

MEMO

「機能的価値」（商品紹介ページ）だけでなく「情緒的価値」（ストーリーページ）をWebコンテンツに落とし込んだ好例と言えます。

SEO対策

有益なコンテンツを自社メディアに用意していれば、検索の上位に表示され、サービスを知ってもらえて収益をあげることができる……というのは1つの理想形です。しかし、検索で上位に表示されるには、良質なコンテンツを提示するだけでなく、Googleの検索エンジンに対して、そのWebサイトに掲載している情報が何について書かれているものであるかを知らせてあげる必要があります。いくら有益な情報を載せていても、SEO対策なしではGoogleやYahoo!の検索エンジンで上位に表示されることは難しいものです。

SEO（Search Engine Optimization）とは、選定したキーワードを含むコンテンツをWebサイト上に掲載し、GoogleやYahoo!の検索結果で上位に表示されるように最適化することです。Webサイトのアクセス数を増やすことを目的としています。

検索を最適化する

| SEO対策が大切な理由

何らかのキーワードでWebサイトを検索したとき、Googleなどの検索上位にWebサイトが表示されなければ、検索経由でアクセスされることはありません。それに対して、あるキーワードで検索されたとき、検索結果で上位に表示されるようWebサイトに効果的なキーワードを対策しておけば、アクセスが着実に増え、億単位の売上として跳ね返ってくる可能性もあります。

MEMO

このときのキーワードは、誰もが思いつくキーワードである必要はありません。そのサービスを必要とする人こそが思いつく、ニッチなキーワードでよいのです。

SEOの要点

SEOについて重要なポイントは下記の4つです。

- SEOとは、検索結果の上位に表示されることを目的とした対策
- 現在のSEOは、Google検索エンジン対策
- Googleは、不正な手段で上位表示をめざすWebサイトを上位表示させない
- ユーザーが求めている情報にマッチしたWebサイトが評価され検索結果上位に表示される
- オリジナルのコンテンツ（テキスト、画像）が評価される

SEO対策の基本

SEOがうまくいく鍵は、検索する人の問いに対して解答を提示するWebサイトをつくることです。そして、それをGoogleに確実に認識させることが重要となります。いくら検索者の問題を解決する有益な情報がWebサイト上にあったとしても、アクセスされなければ存在しないのと同じです。

SEOの基本はGoogleが公開（※1）しています。

Googleの検索エンジン最適化（SEO）スターター ガイドに記載されている内容は、下記のような基本的なことです。

※1
検索エンジン最適化（SEO）
スターター ガイド

https://developers.google.
com/search/docs/beginn
ner/seo-starter-guide

- 適切なページタイトルをつける
- サイト構造・ナビゲーションをわかりやすくする
- 質の高いコンテンツを提供する
- 画像を最適化する

ただし、Googleの上位表示アルゴリズムは日々進化しています。

Google検索の進化

Googleの検索はAI化しています。近年ではWebサイトに掲載されている文章だけでなく、画像の情報をも把握するようになりました。よく知られているのはGoogleが猫の画像を見分けられるようになったという2012年の発表です（※2）。YouTubeに投稿された動画の中から1,000万枚の画像を無作為に抽出して、「教師データ」を与えずにGoogleが開発したアルゴリズムに与えたところ、猫の特徴を持つ画像を抽出できたのです。

※2
Using large-scale brain
simulations for machine
learning and A.I.

https://blog.google/techno
logy/ai/using-large-scale-
brain-simulations-for/

これ以降、犬、馬、ノート、ペン……と、さまざまな画像について、Googleは画像の内容を分類できるようになっています。

すると何が起きたでしょうか?

Googleの検索結果に、Webページに掲載されている画像がより高い精度で影響するようになったのです。

MEMO

「教師データ」とは、正解データのことです。この場合、「これは猫の画像である」と教師が教えてくれるような正解データのことを意味します。教師データがある機械学習は、「教師あり学習」となります。

それに対して、Googleは教師データなしに独自のアルゴリズムで機械学習を行い、猫の特徴をつかむことに成功しました。これを「教師なし学習」といいます。

Googleは2018年には画像認識にAIを活用していることを公表 (※3) しています。

※3
Making visual content more useful in Search

https://www.blog.google/products/search/making-visual-content-more-useful-search/

AI化によって画像も重要な検索要素になった

Googleの画像認識技術が確立する以前は、Webサイトに画像が表示されていても、Googleの検索エンジンは、その画像が何なのか、理解することができませんでした。そのため、Webサイト上にある画像に「Alt」タグを設定することで、その画像が何であるかをGoogleに知らせていたのです。

しかし、現在ではGoogleの画像認識技術により、Altタグを設定しなくてもGoogleは、Webページ上の画像を適切に分類できるようになってきています。

従来のSEO対策ではテキスト情報に注力し、文章をより詳しく長く書くというコンテンツSEOが成果を上げていました。

しかし、Googleの解析対象がWeb上のテキスト情報から画像情報まで広がってきたことにより、SEO対策にも変化が生じてきたのです。

MEMO

画像情報をAltタグで設定することがSEO対策に有効だとわかると、これを悪用してAltにキーワードを詰め込むようなブラックハットSEOが散見されるようになりました。

Googleによるブラックハット撲滅対策

Googleは不正なSEOを撲滅するため、検索のアルゴリズムを日々アップデートしています。たとえば、掲載内容の出典や真偽が怪しいWebサイトがGoogleで上位に表示されていた時代があります。これは検索アルゴリズムを悪用し、Web上のコンテンツの「いいとこ取り」をしてGoogleをだましていたようなものです。このような悪質なコンテンツによって混乱が生じた検索結果は、結果的にユーザーを欺くコンテンツスパムにもなりかねない状況でした。

これに対して、Googleは2017年2月に下記のような改善をアナウンスしました。

> 「Googleは、世界中のユーザーにとって検索をより便利なものにするため、検索ランキングのアルゴリズムを日々改良しています。もちろん日本語検索もその例外ではありません。
>
> その一環として、今回のアップデートにより、ユーザーに有用で信頼できる情報を提供することよりも、検索結果のより上位に自ページを表示させることに主眼を置く、品質の低いサイトの順位が下がります。その結果、オリジナルで有用なコンテンツを持つ高品質サイトが、より上位に表示されるようになります。
>
> 今回の変更は、日本語検索で表示される低品質なサイトへの対策を意図しています。このような改善が、有用で信頼できるコンテンツをユーザーに提供する皆さんを、正当に評価するウェブのエコシステム作りの助けとなることを期待しています。」
>
> 引用：Googleウェブマスター向け公式ブログ
> 「日本語検索の品質向上にむけて」
> https://webmaster-ja.googleblog.com/2017/02/for-better-japanese-search-quality.html

このようにGoogleは掲載されるコンテンツに対して、オリジナルで有用な情報を求めるようになりました。Googleが画像を解析できるようになったため、現在は文章だけでなく、掲載する画像もオリジナルである方が有利です。たとえば著作権フリーの画像素材より、実際にそのWebサイトのために撮影された、オリジナルの写真や動画が評価される傾向があります。

SEO対策の成功事例：日本製衡所

企業のSEO対策の事例を紹介します。ここまで見てきたように、現在はGoogleが検索順位の判定にAIを活用しているため、Webサイト内の文章を工夫する従来のSEO対策だけでは不十分です。

つまり、適切な画像がどのようにWebサイトに配置されているかによって、検索結果に差がつくようになってきているのです。ここでいう適切な画像とは、ユーザーがWebサイトを検索するときに使用する、検索キーワードに関係する画像のことです。検索者の検索キーワードに対する解答となるコンテンツと関係のない画像を載せていては逆効果となります。企業はWebサイトがどんなキーワードで検索されるか、狙いを定める必要があります（キーワードの見つけ方については後述します）。

トラックの積載量を計る言葉、「トラックスケール」でGoogleを検索すると「日本製衡所」のページが上位に表示されます。しかしSEO対策を強化する前は、「日本製衡所」は競合企業サイトに押され、ランクを下げていました。

「日本製衡所」はページの構成と画像の表示方法を、P090で後述する5つのポイントで工夫することで、より見やすいページへとリニューアルし、その結果、検索

MEMO

トラックスケールは、トラックの積み荷の重さをトラックごと計る大きなはかりのことで、一般消費者には接点の少ないプロ向けの製品です。

結果の上位に表示されるようになりました。

Googleの検索結果からリンクをクリックすると、トラックスケールの写真が大きく掲載されていることに気が付きます。製品の写真が大きく載っていることで、ひと目でトラックスケールのページであることがWebサイトを訪れた閲覧者に伝わるのはもちろん、SEO対策としても効果があります。

図4-2　トラックスケールの検索結果画面

図4-3　日本製衡所Webサイトの製品情報ページ

図4-4　画像検索結果画面

企業がWebサイトに公開している画像をGoogleがどのように判断しているのかを知る方法はあるでしょうか。

パソコンのGoogle ChromeからWebサイトにアクセスして対象の画像を表示します。画像を右クリックして「Googleで画像を検索」を選択するとGoogleが認識している言葉が表示されます。

試しに日本製衡所のWebサイトのトップ画像をこの方法で確認してみると、「trailer truck」という言葉で認識されているのがわかりました（図4-4）。企業側の意図としては、製品である「トラックスケール」と認識してほしいところですが、企業の意図と多少齟齬はあるものの、ビジネスに関連するキーワードで認識されていることが確認できました。ここから、検索結果の上位表示を安定させるには、Googleが「トラックスケール」と認識する画像へと差し替えることで、改善できることも読み取れるのです。

考 えてみよう

写真画像でSEOを強化する手法は、企業の製品ページの他、どのようなページで応用が可能でしょうか。

解答例　ブログページにも応用できます。

ブログに公開する写真も「タイトルと関連する画像かど うか」、「自社の事業に関連性が高いか」というポイントで見直してみましょう。

ページ構成と画像のポイント

SEO対策の要点は、検索ユーザーにとってもGoogleにとってもわかりやすいWebページをつくることです。画像を効果的に配置することで、Webページを最適化できます。SEO対策におけるページ構成と画像配置のポイントを以下にまとめました。

1 **ページ内に設置する画像はページタイトルと関係があるものを掲載する**
   ※タイトルと関係のない画像はランクを下げる一因となります。

2 **ページ内の画像は大きく設置する**

3 **特にファーストビューで目に入る画像はタイトルと同じものにする**

4 **ページに掲載するコンテンツは、検索者の検索意図に基づいた1テーマを基本とする**
   ※情報を網羅的に載せるために1ページに何万文字も書こうとすると、対象が曖昧になり、上位に表示されにくくなります。そのページのテーマから外れたことを書く場合は、潔くページを分けましょう。

5 **サイト内のリンクを増やす**
   ※ページ作成時に他ページと重複した内容が必要となる場合は、同じ内容をそのまま記載するのではなく、該当するページへリンクを張りましょう。ただしテーマと関連性の薄いページへのリンクは貼らないように注意しましょう。

先程から「狙ったキーワード」「検索キーワード」という言葉が出てきますが、SEO対策ではキーワードの設定が肝となります。それでは、検索に効果的なキーワードはどのように見つけたらよいでしょうか？

「効果的なキーワード」の見つけ方

企業にとって効果的なキーワードとは、集客できるキーワードのことです。たとえば、先述のトラックスケールを製造・販売する企業の場合、見込み客が「トラックスケール」で検索することが多いため、そのまま「トラックスケール」が効果の見込めるキーワードとなります。

それに対して、効果的なキーワードが判断しにくい場合があります。

たとえばコワーキングスペースを運営している会社が、リモートワークをしている人向けに、自社のコワーキングスペースを訴求したい場合、「リモートワーク」と「テレワーク」、どちらがニーズのある言葉（検索数の多い言葉）でしょうか。どちらも同じ意味を持つ言葉のため、どちらが効果的なキーワードなのか、個人が判断することは難しいでしょう。そこで活用できるのが「キーワードプランナー」です。

効果的なキーワードを選定するためには、Googleの提供するキーワードプランナーを使用するのがおすすめです。

キーワードプランナーとは、該当するキーワードがGoogleで月間何回検索されているかがわかるツールです。また、そのキーワードに関連するキーワードもわかります。

キーワードプランナーの使い方は以下の通りです。

1 キーワードプランナーにアクセスする

　https://ads.google.com/intl/ja_jp/home/tools/keyword-planner/

2 ログインして、自分の知りたいキーワードを入力する

3 月間平均検索ボリュームを見る

MEMO

Googleアカウントの他、Google広告の登録が必要となります。

第4講　変化する検索

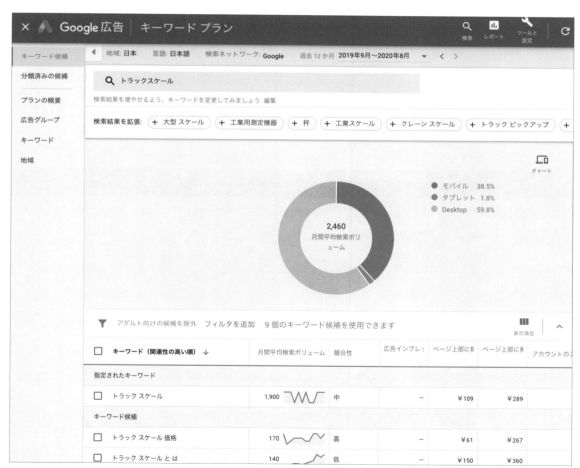

図4-5　キーワードプランナー

キーワードプランナーで「トラックスケール」というキーワードの月間検索ボリュームを調べてみると1,900回と出てきました。1か月間に平均して1,900回ほど「トラックスケール」という言葉がGoogleで検索されているという意味です。BtoBの商材で、製品の平均単価が100万円を超えるような場合であれば、多すぎず少なすぎず（※4）、ちょうどよい検索ボリュームであると言えるでしょう。

またモバイルとパソコンからの検索を比較すると、「トラックスケール」の検索は過半数がパソコンからであるということがわかります。現在はモバイルからのアクセスが過半数を占めるキーワードが多い中、パソコンからの検索が多いということは、この製品を探している企業が会社のパソコンを使って検索していることが多いということが推測できます。パソコンからのアクセスが多いのはBtoBの商材の特徴です。

それでは「リモートワーク」と「テレワーク」をキーワードプランナーで調べてみましょう。

※4
商品の単価にもよるが、BtoB なら月間検索数500〜2,000 程度あれば十分なことが多い。

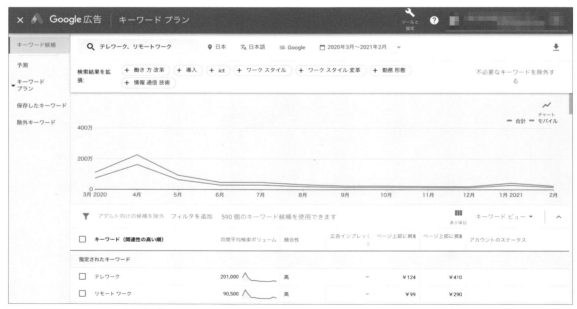

図4-6　指定したキーワードの検索ボリュームを確認できる

調べてみると、「リモートワーク」の月間平均検索ボリュームが90,500回なのに対して、「テレワーク」が201,000回と表示されました。「テレワーク」という言葉を使う人の方が「リモートワーク」よりも2倍以上多いことがわかります。ただし、「リモートワーク」も「テレワーク」も検索数が多く、これだけでは、リモートワークやテレワークができるサテライトオフィスを探している人だけでなく、リモートワークそのものについて調べている人や、リモートワークを快適にするためのツールを調べている人なども含んでしまいます。上位に表示されれば多くの流入が見込めるキーワードであることがわかる一方で、当然競合も多くなる（上位に表示されない）傾向が出てきます。

そのため、もう少しターゲットを絞り込みつつ、競合の少ないキーワードが欲しいところです。そこで「指定されたキーワード」の下に表示されている「キーワード候補」を見ていきます。スクロールしていくと、「テレワーク　オフィス」720回、「テレワーク サテライトオフィス」210回というキーワードが見つかりました。

これらの言葉で検索する人は、テレワーク用のサテライトオフィスを探していると考えられます。そこで、「テレワーク オフィス」のようなキーワードを採用してSEO対策をすることで、よりニーズに合った人からのアクセスが増えて、集客が見込めるようになります。

▍ キーワード候補がまとめてダウンロードできる

企業担当者が自社のWebサイトを強化するため、キーワードプランナーでキーワード候補を調べていると、思いもよらなかったキーワードがいくつも出てきます。
自社サイト内の新しいWebページを企画するとき、これらのキーワードを基にWebページを制作していくと、顧客ニーズにマッチしたWebページができます。

実際にキーワードプランナーを業務で使用する際、キーワードプランナーで調べたキーワードをExcelなどでまとめて管理することが多いでしょう。「キーワード候補をダウンロード」を選択することでデータを一度にダウンロードすることができます。画面右上のダウンロードアイコンをクリックすると、「.csv」または「Googleスプレッドシート」が選べますので、Excelで管理している場合には、「.csv」を選択してダウンロードしましょう。
ダウンロード後はExcelなどの表計算ソフトで管理すれば、自社にとって有効と思われるキーワード順に並べることなどができ、簡単に整理できます。どのキーワードから対策を立てたらよいか、優先順位を明確にするためにもおすすめです。

キーワードプランナーで調べられるデータは、Google検索でユーザーが実際に検索しているキーワード数を基にしているため、信憑性が高いツールです。顧客ニーズに即したキーワードの検索実数を知るのに適しています。

個人が考えつくキーワードには限界があります。データに基づいた根拠のある情報を活用してWebページのコンテンツを企画をするようにしましょう。

Googleアナリティクス

Googleアナリティクスを活用することで、ただしくSEO対策ができているか、成果が出ているかを数値で確認することができるようになります。

更にどのページにいくつアクセスがあったのか、検索エンジン、SNS、どちらからのアクセスが多かったのかなどが明らかになります。これらのデータを分析することで、成果を上げるための具体的な施策を立てることができます。経験や勘ではなく、実際の数値をベースにして分析することで、より意味のある改善を行うことができるようになるのです。

｜ Webサイトのアクセス数を増やしたい

Webサイトへのアクセスを増やしたい時は、まずGoogleアナリティクスでどのページへのアクセスが多いのかを表示します。

（「行動」→「サイトコンテンツ」→「すべてのページ」で表示）

すると自サイト内で、アクセスの多いページがランキング表示されます。アクセスの多いページは、Googleでの検索順位も上位に表示されていることが多いです。

このページを足掛かりにしてさらにアクセス数を増やすことを考えます。既存のページに手を加えてリライトし、より詳しくわかりやすい最新版のページへとアップデートします。このとき、キーワードプランナーを使って効果的なキーワードを探し出し、その内容を反映することも効果的です。こうすることで検索結果の上位表示が安定しやすくなり、さらなるアクセス増へとつながります。

また、Googleの検索結果画面には強調スニペットというものがあります。強調スニペットとは、Googleが、検索されたキーワードに対し、Webサイトのコンテンツから簡単な回答やサマリーを検索画面の上部に目立つように表示することです。強調スニペットは企業から表示を指定できるわけではありませんが、表示スペースも大きく目立つため、CTR（※5）が高く、強調スニペットに認定されるとアクセス増につながります。

MEMO

Googleアナリティクスアカウントを作成し、Webサイトにトラッキングコードを設置することで解析できるようになります。

※5
「CTR」
Click Through Rate、クリック率のこと。

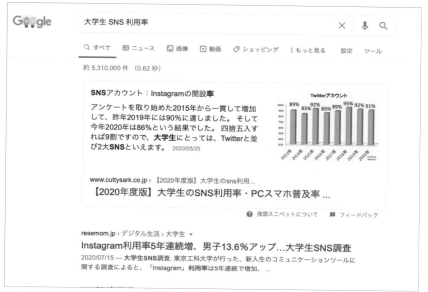

図4-7　強調スニペット

これまでBtoBのビジネスに強いGoogleをはじめとするWeb検索について理解を深めてきました。

それに対してBtoCの商品やサービスではSNS検索が注目されています。

多様化する検索手段とSNS検索

Googleで検索できないものがあります。SNSです。InstagramやFacebookのように会員登録をして利用するクローズドなサービスについては、一部の公開情報以外、Googleの検索は入れません。

SNSは世界において億単位でユーザーを抱えていて、年々影響力が高まっています。

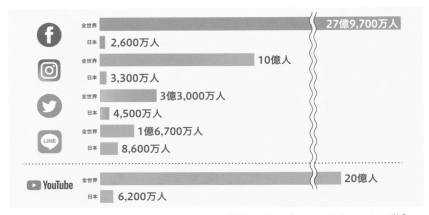

図4-8　画像：SNS・インフルエンサーマーケティング専門メディア【Insta Lab（インスタラボ）】
https://find-model.jp/insta-lab/sns-users/
2021年3月13日更新の情報を基にマイナビ出版にて作成

グローバルの月間利用者数がFacebook＞Instagram＞Twitter＞LINEの順なのに対し、日本国内ではLINE＞Twitter＞Instagram＞Facebookの順にユーザー数が多くなっています。

日本国内ではLINEのユーザー数がもっとも多く、8,600万人が利用しています。

SNSはGoogleが検索できない、いわば「大陸」です。

ビジネスでの検索はGoogleが非常に強い影響力を持つ一方、BtoCの商品やサービスにおいて、SNSの力はますます大きくなっています。

特にスマートフォンを肌身離さず持ち、SNSアプリの利用が多い20歳前後の若年層においてこの傾向は強く見られます。何かを検索するとき、Web検索を行わずにInstagramやTwitterを使うという学生もいます。一例として紹介します。

MEMO

ユーザーは複数のSNSサービスを横断して利用している場合があります。

ある学生の声

「今はネットよりInstagramで調べて情報を得ます。写真があってわかりやすいからです。また、Instagramには実際に商品を購入した人の投稿が多く、生の声を聞くことができます。その声をもとにお店に行くかどうかを決めます。購入を決める時、1番参考になるのがInstagramだと思います」

「今は何をするにもSNSを利用することが多いなと実感しました。Instagramでお店の情報を探せば、そのあとBASEアプリにとんでそのお店を詳しく見ることができます。BASEからInstagramでお店を出している人を見つけることもできます。自分で商品をつくって売っている人も多いため、リアルの店舗では売っていないものも買えて便利です」

出典：著者による大学講義「Webマーケティング」内アンケートより

Instagramは20代、30代の女性を中心に、全世代にユーザーを広げています。友人やフォローしたインスタグラマーの投稿を見るだけでなく、何か情報を探すときにInstagramを使うという人も少なくありません。

なぜ人々はInstagramで検索するのでしょうか。

Google検索になくてInstagram検索にあるものとは何なのでしょうか。

Instagramの強み

● 最新の情報が集まっている

先述のSNSの月間利用者数の図4-8で見たようにInstagramは世界中に10億人、日本国内に3,300万人のユーザーがいます。日本国内に限って言えば、InstagramはFacebookより月間利用者数が多く、特にメイク、服、美容室など、20〜30代の女性が関心を払う分野においては、常に最新の情報が集まる場所になっています。

● 人に紐づく検索

第3講で見てきたように、人は知らない人からの情報より、家族や友人からの情報を信頼しやすいものです。BtoCの場合、企業や業者の広告情報より、利用しているユーザーの生の声の方が信用されやすい傾向があります。

友人や知人、同じ趣味を持つ人が集まる（そして見つけやすい）SNSは生の声を知るのに最適なツールなのです。

それではInstagramならではの検索性について確認してみましょう。

Instagramの検索性

たとえば髪を切りに行きたいと思ったとします。

「ショートヘア」でInstagramを検索してみたところ、検索ワードにまつわる結果がずらりと表示されました。

Instagram検索には「上位検索結果」という総合的な検索結果と、「アカウント」「タグ」「場所」ごとに検索結果を確認できる機能があります。

単にショートカットのヘアスタイルを確認したい場合であれば、Google検索でも問題ありません。しかし、Google検索では気に入ったショートカットの画像から、カットを担当した美容師の情報に直接アクセスできるようにはつくられていません。

図4-9　Instagramは検索結果を検索上位、アカウント、タグ、場所ごとに表示できる

それがスムーズにできるのがInstagramの強みです。検索し、情報を見つけてコンタクトを取るまでの画面遷移（UI）が洗練されています。

Instagramの投稿は、利用者が実際に撮影したものが多いため、リアリティがあります。また、レイアウトも統一されていて見やすいという利点があります。

ポイントは「アカウント」検索

Instagram検索の最大の特徴は、キーワードを使って検索できるだけでなく、そのキーワードに関連するアカウント（個人）を検索できることです。さらにスマートフォンで見やすい（UIがよい）ことも特徴の1つです。もちろん、Googleでもキーワード検索や個人の情報を検索することはできますが、キーワードに関連した個人の情報の探しやすさに関してはInstagramに軍配が上がるでしょう。

	Google	Instagram
画像検索	◎	◎
アカウント（専門家）検索	△	◎

アカウント検索がInstagramの強み

Instagram上で「ショートヘア」で検索されたとき、アカウントのフォロワー数やいいねの数が多ければ、それだけ成約（予約）してくれる人が多くなります。Instagramの施策次第で人気のスタイリストになることも可能です。

それではInstagramをビジネスにうまく活用する方法について、人気のスタイリストのアカウントから学んでいきましょう。

Instagram検索を考慮したマーケティング

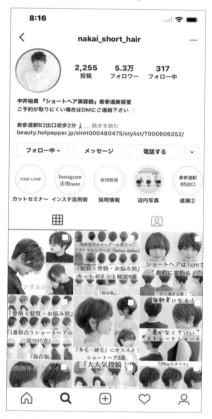

図4-10　Instagramでのブランディング確立例

中井裕貴さんというフォロワー数5.5万人以上（2021年1月現在）の人気スタイリストのアカウントがあります。

アカウント名は「nakai_short_hair」です。アカウント名からも、あえて「ショートヘア」で情報を絞りこみ、Instagram内での自身のブランディングを「ショートヘアのカットが得意な美容師」として確立しようとしていることがわかります。

もちろんショートヘアだけでなく、他の髪型をカットする腕前もあるでしょう。しかし、中井さんがショートヘアに絞ってInstagramの発信をしているのはなぜでしょうか。

それはターゲットを絞るということが重要だからです。

これはInstagramに限りません。Google検索でも他のSNSでも、深く狭く、専門性がある方がその分野を探している顧客には好まれるものです。

見込み客のニーズにあったサービスや情報を提供していることで、成約率も高くなります。

この施策の結果、中井さんの抱える顧客の95%以上が「ショートヘアのカットを希望する女性」という結果になっています。

さらにプロフィール画面にも工夫が施されています。予約の方法やお店への順路がわかりやすく表示され、顧客目線で知りたい情報がよく考えられてつくられていることがわかります。アカウントもほぼ毎日投稿されているため、情報の鮮度も高く人気が高い理由が見てとれます。

大切なのは以下の3つです。

1 Instagramは腕に自信のある個人アカウントに有利
2 Instagram内で上位に表示される仕組みについて理解すること
3 Instagramは、情報が流れていくため、毎日とは言わないまでも定期的に更新をすること

Instagramのアカウントを運営する上で、自分のアカウントがどのように見られているのか分析することが重要です。簡単な設定をすることで、ホームページでアクセス解析をするように自分のアカウントへのアクセス状況（インサイト）を見られるようになります。

Instagramのプロアカウント設定

アカウントを作成し「プロアカウント」に設定を変更することで、アカウントへのアクセス状況を確認することができるようになります。

Instagramの画面右上のハンバーガーメニューから「設定」→「アカウント」をタップすると上図の左のような画面になります。「プロアカウントに切り替える」をタップします。「事業主ですか？」という質問がでる画面で「ビジネス」または「クリエイター」が選べるようになっています。

この設定をすれば、自分のアカウントがどのように見られているかを「インサイト」で確認できるようになります。

図4-11　Instagramのプロアカウント設定画面

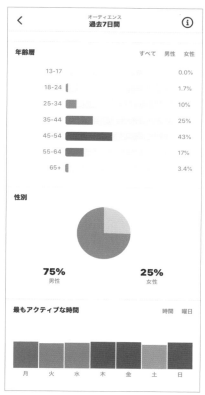

図4-12　オーディエンスからユーザーの年齢層や性別などがわかる

「インサイト」では、フォロワーに関する情報も分かります。

たとえば「オーディエンス」という項目では、年齢層や地域、性別、時間帯など、どんな人たちが自分のアカウントを見ているかをグラフで確認することができます。また自分のアカウントが見られた数である「インプレッション」や、「プロフィールへのアクセス」、「Webサイトのタップ数」なども確認できます。ユーザーとのつながりを考えたとき、客観的なデータとして手がかりとなるでしょう。

企業に近い立場でアカウントを運営するのであれば、ターゲット層にリーチできているかの確認は必須です。本格的にアカウントを運用していく場合には、プロアカウント設定をしておくようにしましょう。

多様化する検索手段とYouTube検索

YouTuberという言葉がはやって久しいですが、今やエンターテインメントや音楽だけでなく、ビジネスの領域でもYouTubeで検索して情報を得ることが増えています。たとえばExcelマクロの勉強をしたいと思ったとき、書籍やWebサイトで勉強するだけでなく、動画の解説を見たほうがより理解しやすい場合もあります。

それに限らず、ハウツーものに関しては実際の操作方法が見られる動画形式の方が適しているという人もいるでしょう。

YouTubeに公開されている動画は、音楽から実況、解説動画まで実に幅の広いものがあります。利用者もパソコンからだけでなく、スマートフォンやテレビを使用してYouTubeを視聴する時間が増えています。

企業でもYouTubeで動画を公開することをきっかけに、問い合わせが増えて、成約することも多くなってきました。マーケティングの観点からもYouTubeは利用価値が高いプラットフォームに成長しています。このような背景のもと、企業による動画を活用したマーケティング（売れる仕組みづくり）が活発に行われています。

激化するYouTube競争

現在、従来のYouTuberだけでなく、テレビなどのマスメディアで活躍しているような芸能人やスポーツ選手が大挙してYouTubeチャンネルを開設しています。エンターテインメントに長けた人たちが、制作スタッフを従えてYouTubeチャンネルを運営することにより、YouTubeにアップされているコンテンツの質が全体的に高くなってきました。視聴者にとっては有益な情報を無料で手に入れることができるメリットがある一方で、YouTubeでビジネスを活性化させたい企業にとってみれば、競争が厳しくなり、レッドオーシャン化していると言えます。

しかし無料の動画プラットフォームといえば、YouTubeが圧倒的なため、動画を活用したマーケティングを行うためには、YouTubeの存在が欠かせません。

YouTubeの動画マーケティングで必要なことは、次の2つです。

1. 無料でも有料レベルのクオリティと妥協しない内容

企業がYouTubeに動画を公開する時、どれくらいの内容を開示するべきか悩むことがあります。製品情報であれば細かく紹介して問題ありません。ですが、通常であれば工場見学に来社した取引先企業にのみ紹介しているような情報はどうでしょうか。

既存の取引先が工場見学で知りたい情報は、見込み客が知りたい情報でもあります。もちろん一般に公開していい情報であるか線引きは必要ですが、動画であらかじめ紹介しておくことで、成約までの期間が短くなります。
BtoBの事例ですが、動画を公開したことで問い合わせが増え、1,000万円以上の機器が売れやすくなったという例もあります。
動画で魅力的な情報を公開すればするほど、引き合いや集客がうまくいくようになります。

2. YouTubeにおけるSEO対策

動画を公開することでビジネスが活性化するとはいえ、単に動画をつくってYouTube上にアップするだけでは、視聴すらされない可能性もあります。YouTubeもWebサイトと同様にSEO対策を行うことが必要です。YouTubeにおけるSEO対策は、各動画につける「タイトル」「説明」「タグ」の情報が重要となります。YouTubeの初期にはこれらの情報が検索結果に影響を与えてきました。しかし現在では大切なのはこれだけではありません。

動画の内容も重要となりえます。YouTubeは、Googleによる自動音声認識技術により、動画の中の言葉を文字化して解析することで、その動画が何の動画であるのか、判断できるようになりました。これによって、動画の内容とタイトルに差異がないかYouTubeが判定できるため、YouTube検索におけるランキング付けにも影響が出てきたと考えられます。

音声と画像のAI解析により、動画マーケティングにはどのような影響があるでしょうか?

MEMO

「影響が出てきたと考えられます」と書いたのは、YouTubeは公式でYouTube内での検索結果ランキングの仕組みについて詳細を発表していないからです。
GoogleやYouTubeの技術力を考えると、現時点で実装されていなかったとしても、これから実装されていく可能性があります。その前提で、先手を取って対策を取るようにしましょう。

YouTubeの動画は、何もYouTube内だけで検索されて見られるわけではありません。Google検索をした場合でも検索結果画面にYouTube動画が表示されることがあります。Googleの検索結果に表示されるYouTube動画は、Googleが認める選りすぐりの動画と言えるでしょう。

つまり、WebページのSEO対策と同様、動画内容の最適化が求められるのです。その対策は、YouTubeに公開した動画の「タイトル」や「説明」にキーワードを入れるといったテクニックだけではごまかせません。音声と画像は解析され、タイトルと合った内容の動画かどうかがフィルタリングされます。その上で、動画がどこまで見られているか「視聴者維持率」も解析されます。WebページのSEO対策で、コンテンツの重要性について見てきましたが、動画も最後まで視聴されるような質の高いコンテンツであることが重要になってきています。

MEMO

YouTubeには自動音声認識によって字幕を表示する機能もあります。この自動音声認識で字幕を見てみると、自動音声認識が高い精度で実現されていることがわかります。

YouTubeアナリティクス

関連動画に表示された動画が適切な動画であるかも大切ですが、動画を視聴したユーザーがその動画を「面白い」「為になる」と感じたかという感情的な評価も重要な指標です。

途中で離脱することなく、最後まで見られている動画は、視聴者にとって面白い動画であると言えるでしょう。これは「視聴者維持率」という指標で判断できます。視聴者維持率は、YouTubeチャンネルを持っている人であればYouTubeアナリティクスで確認することができます。動画を公開したあとはアナリティクスを使用して、視聴者に受け入れられたかどうか分析することが重要です。

動画の状況を正しく把握して改善する

YouTubeアナリティクスでは、再生時間や視聴端末、トラフィックソース、インプレッション数、インプレッションのクリック率など、動画の改善に活かすことができるさまざまな情報が確認できます。

インプレッションはYouTube上で動画のサムネイルが表示された回数、クリック率は表示されたサムネイルからどれくらいクリックされたかを表しています。

先程の「視聴者維持率」は、動画がどの長さまで見られたかということを示す指標です。パーセンテージで表示されます。長さ1分の動画が30秒まで見られたら50％の視聴者維持率になります。もちろん、最後まで視聴された動画のほうがYouTubeからの評価は高くなります。

なぜこの項目が重要かというと、動画検索のされやすさに、この視聴者維持率が関係しているからです。視聴者維持率が高い動画は、多くの人が飽きずに見ていることから、魅力的なコンテンツであると判断できます。

| 「視聴者維持率」の改善方法

視聴者維持率を改善するために必要となるのは、当然視聴者にとって魅力的な動画をつくることです。ただし、コンテンツの充実は、一朝一夕にはいかないものです。そこで、ここでは別の改善策を紹介します。

10分の動画を1本公開するのではなく、1分の動画を10本つくるという視点です。

プロが制作したテレビCMでさえ、1本15秒または30秒程度でつくられています。視聴者の集中力を維持しつづけるのは簡単なことではありません。そこで、伝えたい事が10分間分あったとしても、内容を凝縮して1分にまとめれば、動画内容は確実に充実します。また、1分程度にまとまっている動画であれば、離脱する割合が減り、最後の方まで見られる割合が増え、視聴者維持率が改善できます。

またYouTubeでは、動画の長さがあとどれくらい残っているか、視聴者からリアルタイムで確認することができます。動画視聴に対する視聴者の心理的な負担を減らしてあげることも、再生率を改善するために必要な視点です。

サーチの未来

Googleが Web 上のページにアップロードされたありとあらゆる情報を整理・把握しランキング化していること、ターゲットによってはSNS検索を意識したマーケティングを行わなければならないことを確認してきました。

この先、検索の未来はどのようになっていくでしょうか？
筆者は「空間情報」が次の検索のキーワードとなると考えています。

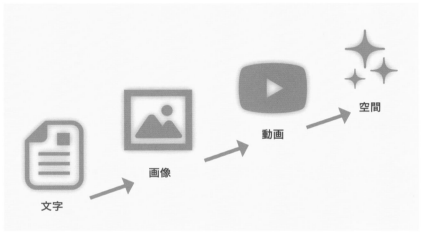

図4-13　検索可能な領域

空間情報にまつわる技術が発展することにより、マーケティングはどう変わっていくでしょうか？

空間も検索の対象となることで、マーケティングは一変します。たとえばARグラスをかけることで空間に情報を表示できるようになったら、目的地への道を間違えることはなくなります。街で不意に出会った知り合いの名前を思い出せないということとも無縁になります。すべての情報がARで表示されるからです。
同様に製造業などの現場で仕事をする場合にも、ARで次にやることの手順が表示されれば、マニュアルを見て作業する必要がなくなり、仕事の生産性が上がっていきます。

1990年代、商用インターネットが始まり、サイバースペースが一気に広がったときのような市場の大きさとインパクトが空間情報にはあります。

そんな大きな可能性を秘めた「空間」ですが、目下の課題はデバイスの開発です。空間への情報はARで実装されますが、肝心のデバイスがまだ完全には市場に出回っていません。

パソコンを使わなければWebサイトにアクセスできなかった時代のマーケティングは、スマホが登場したことで一変しました。屋外にいても気軽にWebサイトにアクセスできるようになったことで、外出中の人を対象にしたWebマーケティングを行うことが可能になったのです。スマホアプリで発行できる割引券や、会員カード代わりのアプリなどもその一例です。人々の価値観を根底からくつがえすようなデバイスが発売されることで、マーケティングは大きく変わる可能性があります。

今後、iPhoneが発売されたときのような衝撃があるとすればARでしょう。製品化の障害となる問題を解決した上で、Appleのような企業がARデバイスを発売したら、スマートフォンが瞬く間に人々の間に広まったのと同じように、一気に市場に受け入れられる可能性があります。

MEMO

Googleは過去、プライバシーや安全性の問題が解消できないとして、一般ユーザー向けのウェアラブルデバイス、Googleグラスの販売を中止しました。

考えてみよう

Googleの検索は、InstagramやFacebook、LINEなどのSNSには入れないことがわかりました。他にもGoogleが把握できない分野はあるでしょうか。

解答例　Googleは中国から検索事業を撤退しているため、中国からのアクセスが制限されています。

Googleが掲げるミッションが世界中の情報を整理することだとしても、それが不可能な地域もあります。

ちょっと深堀り

学生

今回気になったのは企業のSEO対策です。「トラックスケール」という言葉を初めて聞きました。

先生

確かに一般には聞き慣れない専門的な言葉だ。普通に暮らしていると、トラックの重さを量ることなんて考えないよね。

学生

SEO対策の結果、Webから億単位の売上が生まれる可能性があるというのにもびっくりしました。

先生

そうだね。企業の成約に適切なキーワードを見つけて対策をすると大きなリターンとして返ってくることがある。

学生

やはりどんな分野でも検索で1位になることが重要なのでしょうか。

先生

2位や3位でもアクセスされる可能性は高まるけど、1番初めにアクセスされるというのは強いよね。

学生

一般にはあまり知られていないようなキーワードにお宝が眠っていることもあるのですね！

先生

企業が無数にあるのと同じように、有効なキーワードも数多くある。企業の立場から自社にとってもっとも有効なキーワードを厳選し、そのキーワードでSEO対策を立てていくと効果があるよ。

学生2

私は、YouTube検索が気になりました。確かにここ数年、YouTubeで調べものをすることが増えました。興味がある本を買ってもなかなか読み進められないこともある中で、さっと内容がわかるYouTubeは重宝します。

YouTubeはスマートフォンでも簡単に見られるし便利だね。ただ、書籍の方が情報がしっかりまとまっていることもある。理想は動画と書籍どっちもあることだけど、たとえば『Excel VBA 脱初心者のための集中講座』（たてばやし淳（※6）著 マイナビ出版）は、書籍の内容に対応した動画があって連動しているんだ。

先生

学生2

本を読んで動画でも理解を深められるのはいいですね。

こうしてみると、書籍という媒体もさまざまなメディアと融合していくことで進化していきそうだね。この本にもQRコードを設定して動画や出典を見られる箇所が随所にあるので、理解を深めるためにぜひ活用してみてください。

先生

※6　たてばやし淳
クオリティの高いコンテンツをYouTubeで無料で公開している。
チャネル登録者数は7.65万人（2021年3月時点）。

読んでみよう

『〈インターネット〉の次に来るもの 未来を決める12の法則』

ケヴィン・ケリー 著 服部桂 翻訳　NHK出版

復習クイズ

Q1 （　　　　　）マーケティングとは、有益なコンテンツを制作してWebに公開し、見込み客をWebサイトにアクセスさせて顧客化するマーケティング手法です。

Q2 SEO（Search Engine Optimization）とは、選定した（　　　　　）を含むコンテンツをWebサイト上に掲載し、GoogleやYahoo!の検索結果で上位に表示されるように最適化することです。

Q3 正誤問題：
Instagramにもアクセス解析に該当する「インサイト」という機能がある。

A1.　コンテンツ

A2.　キーワード

A3.　正しい

マーケティングとテクノロジーの進化が密接な関係にあるのはこれまでも見てきたとおりです。デジタル技術を企業に適用していくことを、デジタル・トランスフォーメーション（DX）と言います。
売れる仕組みづくりを再構築することができるDXは、デジタル技術を活用したマーケティングであるとも言えます。第5講ではマーケティングと親和性の高いDXについて、事例をみながら理解を深めていきます。

Society5.0

情緒的価値

第5講

DX

DXとディスラプション

マーケティング
フレームワーク
AISARE

SDGs

A	Attention
I	Interest
S	Search
A	**Action**
R	Repeat
E	Evangelist

本講の要点

- ■ DXとディスラプション
- ■ DXの活用事例
- ■ DXを意識したマーケティング思考

DXとディスラプション

かつてインターネットによる第3次産業革命によって、ビジネスは大きく変わりました。結果、GAFAM（※1）のようなデジタル技術をベースとした企業が世界的に影響力を強めています。

その一方で、第3次産業革命に乗り遅れた企業は、Web技術を積極的に活用してマーケティングを行った会社に陵駕されていきました。第3次産業革命の時、Webを軽視していた会社が衰退していったように、今まさに第4次産業革命により、ビジネスが大きく変わろうとしています。その鍵はDXやディスラプションに代表されるものです。

第5講では、DXとディスラプションについて紹介していきます。

DXによって、既存企業では売れる仕組みを再構築できるようになります。この状況は、企業にとっては「売れる」仕組みの構築ですが、消費者側の視点に立場を変えてみると「購入する」仕組みが再構築されるということです。購入のフェーズはAISAREのうち、2番目の「アクション」です。DXについて知っておくと消費者の行動心理を追うときに役立ちます。

このあと、第6講ではD2C、第7講ではUXを扱っていきます。その前にDXとディスラプションについて把握しておくことで、デジタル時代のマーケティングの「売れる仕組みづくり」が容易に理解できるようになります。

既存企業がDXによって自らを再構築していくかたわら、デジタルを活用した新しい概念を持って市場に新規参入していく企業もあります。既存産業にとっては大きな脅威です。

※1
「GAFAM」
世界的企業であるIT企業5社、Google、Amazon、Facebook、Apple、Microsoftの頭文字を取った呼び名。

DX（デジタル・トランスフォーメーション）とは、既存の会社がデジタル技術を使って生まれ変わることにより、ビジネスでの競争優位性を確立することです。同じ個体でも青虫が変態してアゲハチョウに変わるように、デジタル技術を活用した企業のビジネスは大きく変化する可能性を秘めています。

DXは単に既存のビジネスをデジタル化することだけではありません。デジタル技術によって、社会やビジネスを変革する取り組みがDXなのです。

Memo

DXという言葉は、2004年にスウェーデンのウメオ大学教授のエリック・ストルターマンにより提唱されました。ストルターマンはDXを「ITの浸透が、人々の生活をあらゆる面でよりよい方向に変化させること」と定義しています。DXへの取り組みが遅れたため、他社にマーケットを奪われてしまった例もあります。今後、企業が生き残っていくためにDXは重要なポイントです。

DXとは企業×デジタル

デジタル・ディスラプションとは、デジタル技術を武器に既存の業界に参入してくる企業（ディスラプター）により、既存のビジネスモデルが破壊されることです。たとえば宿泊ビジネスに着目し、不動産をもたずしてまたたく間にホテル業界の強力なライバルとなったAirbnbや、タクシー業界に衝撃を与えたUberはディスラプターにあたります。

調べてみよう

ディスラプション（disruption）は、英語で「崩壊」。つまり、すでにある産業を根底から揺るがし、崩壊させてしまうような革新的なイノベーションこそ、デジタル・ディスラプションなのです。

引用：日本の人事部
https://jinjibu.jp/keyword/detl/996/

Uberというタクシー業界のディスラプター

配車、行き先の設定、運転手の評価、料金、すべてが専用のアプリによって完結するUber（※2）は、デジタル技術を使って利益を上げるビジネスを構築した好例です。Uberは既存のタクシーサービスの概念を一変させたディスラプターでもあります。「料金が事前にわかる」「運転手の評価がわかる」「自家用車という遊休資産を活用」「アプリで完結できる」といったUberの特徴はこれまでのタクシーにはなかった画期的なアイデアです。Uberは世界中のユーザーの心をつかむことに成功しました。サービス開始後、導入された国で瞬く間にタクシーを凌駕して利用されたことを覚えている人もいるでしょう。

Uberはタクシーを使う際にユーザーが感じていた不安や困りごとを、デジタルで解

※2
国によって規制があり、すべての国や都市でUberが利用できるわけではありません。現在、70カ国450以上の都市で利用できます。

図5-1　Uberの画面

決することで、一躍大きなサービスになりました。ユーザーの抱えていた困りごとの1つ1つは些細なことかもしれません。しかし、多少の不便があっても、タクシーとはこういうものだという、半ば固定観念のようなものが、変化を阻めていました。ユーザーですら、その固定観念に囚われていたと言えます。Uberはその固定観念に縛られていては実現できないものでした。逆にいえば、既存のタクシー業界がこのような固定観念から脱却できずにいたからこそ、ディスラプターが現れたとも言えます。

さまざまな業界へ波及するデジタル・ディスラプション

既存の業界へデジタル・ディスラプションで参入していく動きは、配車アプリに限定されたことではありません。宿泊を変えたAirbnbもそうです。また、メルカリも中古品の売買市場のディスラプターといえます。

現状のビジネスが安泰であるからと言って、DXに取り組まない理由にはなりません。今後はあらゆる産業がデジタルと融合すると見られているからです。通貨ですらデジタル化の途上にあります。Facebookなどの企業や国が、デジタル通貨の発行を検討しています。こうした大きな流れを無視することは、市場における消費者行動の変化に対応できなくなることにつながります。
DXとディスラプションの知識は、現代のマーケティングにとっても不可欠です。売れる仕組みづくりを構築しようとしたとき、今の時代、デジタル技術の活用は真っ先に検討されるものだからです。DXとディスラプションをおさえずにマーケティングをしようとすることは、これから参入しようとしている市場の情報をまったく知らずに現場に入ることと同じくらい危険なことだと認識しましょう。

たとえば、本という媒体も伝統的な紙の書籍を残しつつ、今では電子書籍が広く受け入れられています。消費者の立場に立ってみると、紙の本が好きで紙書籍しか買わないという人もいる一方で、読書家で家の本棚に床が抜けるほど多くの本があり、これ以上本棚を圧迫しないために新しい本は電子書籍で買いたいという人もいます。もし、出版社が紙のフォーマットに固執して電子書籍のフォーマットを用意していなかったらどうなるでしょうか。電子書籍でしか本を買わない消費者との接点はそこで消えてしまう危険性があります。市場に広く受け入れられている電子書籍のフォーマットの1つであるKindleは、Amazonが提供するものですが、このAmazonというディスラプターに対してどう対応するかが出版社としては肝となります。

MEMO

特に海外に行った際、既存のタクシーサービスではぼったくりタクシーに遭わないか、行先を間違いなく伝えられるかなど不安が募ります。事前に料金がわかり、ドライバーの評価もわかるUberであれば、このような不安要素を排除することができます。

第5講 DXとディスラプション

115

企業にとって、DXやディスラプションの知識も合わせ持つことで、現在市場で起きていることを把握し、マーケティング上、より適切に対応することができるようになります。

> ### Memo
>
> #### DXを支えるデジタル技術
>
> DXに活用されるデジタル技術はさまざまです。音声入力やRPA、IoTなどから、独自のセンサー、AI、そして近年では5Gやオンライン空間のSpatial Web（空間Web）など、デジタル技術は日々進歩しています。
>
> 新しい技術をどのようにビジネスに活用するとDXを推進できるか、自社や身近な企業を例にして考えてみることをおすすめします。

DXの成功事例

Amazonのようなグローバル企業は多額の予算を投じてDXに取り組んでいます。Amazonが2019年、AWS（Amazon Web Services）に設備投資した額は130億ドル（※3）です。130億ドルといえば日本円にして優に1兆円を超える額です。AWSに限らず、圧倒的な体力をベースにさまざまな分野で巨額の投資をしていることは確かでしょう。

こう聞くと、DXに対応できるのは大きな企業に限られるのではと不安に思う方もいるかもしれません。しかし、小さな企業であってもDXへの取り組みは可能です。ここでは大企業から中小企業まで、DXを取り入れた成功事例を見てみましょう。

※3
出典：日経XTECH「グーグルのクラウド事業が売上高1兆円に、先行くAWSは「あれ」が1兆円」

https://xtech.nikkei.com/atcl/nxt/column/18/00692/020500021/

ビジネスを効率化するDX

チャットボットを活用し成果を上げている筆頭に、個人向けECサイトの「LOHACO」があります。

LOHACOのチャットボットは無味乾燥な画面ではなく、イラストを用いることで「マナミさん」というキャラクター性をもたせ、購買層に親しみを持たせています。チャットボットのメリットは、24時間365日稼働できることです。

たとえば購入を検討している段階で、注文方法について質問があるとします。しかし、すでに営業時間が終わっていた場合、コールセンターしか対応方法がなけれ

> ### Memo
>
> 「チャットボット（chat bot）」とは、自動会話プログラムのことで、おしゃべりを意味する「チャット」と、人の代わりに自動的に実行するプログラムの「ボット」を組み合わせた造語です。

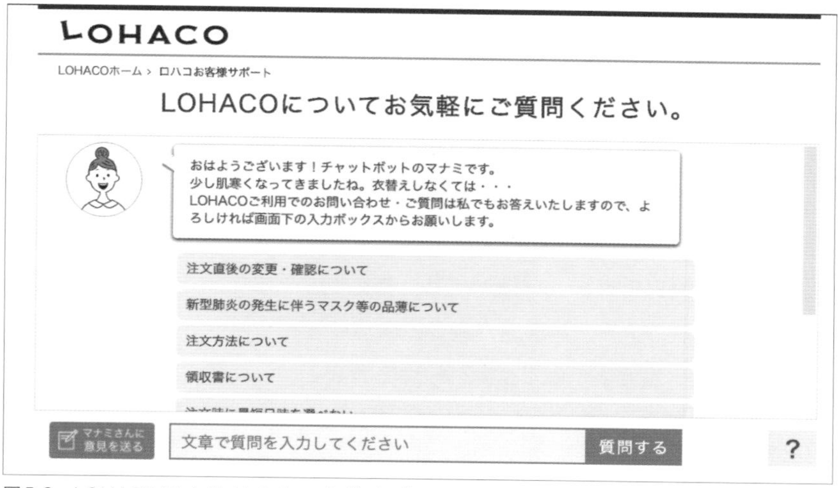

図5-2　LOHACO Webサイトのチャットボット「マナミさん」
https://lohaco.jp/support/index.html

ば、翌日に質問を持ち越さなければなりません。そうしているうちに、日々の雑事
に追われ、購入意欲が失われてしまうこともあります。AISAREでいうと、サーチ
までは到達できたけれども、注文方法に対する疑問が解消されないため、購入の
アクションに至らないというわけです。

しかし、気軽に問い合わせができる「マナミさん」のおかげで、営業時間外でも、購
入時や購入後に発生するユーザーの疑問を解決することができます。購入前の疑
問が解消されたユーザーはその場で購入を決断することもできるようになりました。
これはデジタル技術によって消費者の購入をサポートしたということです。DXが消
費者をAISAREのアクションの段階へと後押ししたことになります。

また、チャットボットの導入のメリットとして、適切な人材配置があります。コール
センターでオペレーターが対応していることの多くは、Webサイトの説明ページな
どにも書かれている基本的なことです。これまでは、情報を探し出せない顧客の対
応をするためのコールセンター業務に多くの人手がかかっていました。
そこでチャットボットを活用することで、コールセンターの人員にかかっていた負荷
を低減することができます。
チャットボットなら、ユーザーが質問内容を書き込むだけで、該当するカテゴリの
情報を自動で絞ってくれます。Webサイトから自力で情報を探しだせなくても、チャ
ットボットを通じて知りたい情報に容易にたどり着けます。
この結果、顧客からの問い合わせの多くをチャットボットが対応できるようになり、
コールセンターの対応が必要な案件を効率的にさばくことができるようになりました。

権田酒造という日本酒の酒造メーカーがあります。

日本酒づくりにはさまざまな要素がありますが、杜氏は日本酒の製造において重要な役割を果たしています。杜氏には酒造りの工程で管理すべきポイントが多くありますが、その中でも味の決め手となるもろみの温度管理は非常に重要なものです。

近年、気温の変動が大きくなり、また、より繊細な味わいを醸すため、樽の中の温度をこまめに計測する必要が増していましたが、蔵人の人数が減少していく中で、十分な対応ができていませんでした。さらに、温度変化に対して必要となる作業も杜氏の経験と勘によるものが大きく、技術の継承ができていないのも酒造が抱えていた課題でした。

そこで権田酒造は、これらの課題を解決するために光温度センサーを導入し、温度データを24時間、リアルタイムで集計できるようにしました。

従来、温度の測定は人間によって行われていたため、朝と晩など1日数回程度の測定が限界でした。測定できていない時間帯が長いため、それぞれの測定データはバラけた点の集合でしかありませんでした。測定していない時間帯の温度がどうであったかは、そのデータの点と点から推測するしか方法がなかったのです。

ここにセンサーをつけることで24時間データをリアルタイムで集計できるようになりました。これによって途切れることのないデータの集まりとなり、文字通り点と点がつながって、樽の中の温度を常に把握することができるようになりました。

また、センサーは温度を計測するだけでなく、基準値を超えたときにもアラームが

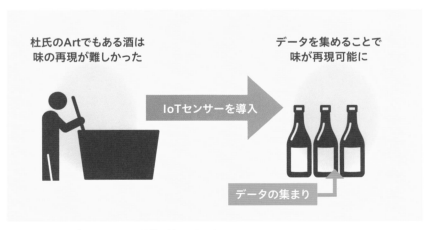

図5-3　職人技がDXによって再現性を持つようになる

図5-4　権田酒造 IoT 活用事例動画
https://www.youtube.com/watch?v=NS12P3NH220

鳴るように設計されています。これによって製造時の異常に対してもすぐに対応ができ、安定した酒造りが実現しました。

熟練の杜氏の経験と勘に頼ってきた酒造りが、データを集計して分析することにより、技術継承の道が拓けました。職人の技というアートの領域が、データ分析によって再現できるようになったのです。

———

ビジネスモデルが変わるDX

モード工芸はマネキンを制作している企業です。これまでは商談時に、リアルで打ち合わせを行う必要がありました。実際のマネキンを商談先に見てもらう必要があるからです。マネキンは手軽に持ち運びができないため、会社で実物を見てもらうか、商談の場へトラックで持っていくくらいしか手段がありませんでした。移動には時間も経費もかかります。

そこでモード工芸は、マネキンを3次元データ化し、バーチャルな3D空間にて立体型のマネキンを見られるようにしました。

これによりパソコンやスマートフォンの画面上で、マネキンを指で回転させたり視点を変えて見せることができるようになったのです。さらに仮想空間を使えば、実際の売り場の写真を重ねることでマネキンを売り場においたイメージもつくれるため、設置イメージもリアルにつかめるようになりました。お店にフィットするかどうか、ARでマネキンを配置して確かめることもできます。

さらに3次元データ化によって、モード工芸と顧客がオンライン上で同じ画面を見ながら「顔を細くしたい」「ポーズを変えたい」といった細かな調整をチャットでやり取りし、その場で3Dデータを更新するといったことができるようになりました。3次元データ化したことで、企業と顧客の持つ具体的なポーズのイメージもその場で一致させることができるようになったのです。顧客は、画面上で最終イメージを確認できるため、マネキンを注文（アクション）する判断が容易にできます。DXにより、AISAREのアクションへの移行がスムーズになりました。

また、好きなタイミングで顧客がマネキンを確認できるようになり顧客満足度も大きく向上しました。

商談にまつわるすべてがオンラインでまかなえるため、リアルの場の商談が不要になります。コロナ禍など、人と直接商談することが難しい場合も問題なく業務を遂

図5-5　モード工芸 IoT活用事例動画
https://www.youtube.com/watch?v=dw052weYOkI

行することができます。DX 推進によって競争優位性が確立された事例です。 DX によりビジネスの仕組みが大きく変わりました。

☑

Mᴇᴍᴏ

マネキンのデータを 3D データ化したことにより、稼働がない在庫は廃棄し、在庫スペースを圧縮することで経営の効率化を図ることができました。この先、カスタマイズしたマネキンが必要な時は、3D データから再度制作することも容易にできます。

図 5-6　3D データ化したマネキンを使って設置イメージがリアルにわかる（画像提供：モード工芸）

DXの段階

成功事例を見ると DX には段階があることがわかります。チャットボットで「作業を効率化する DX」、人にしかできないと思われていた領域をデータ分析によって「再現する DX」、マネキンの 3D データ化で「ビジネスモデルを刷新する DX」という3 つの段階です。既存のビジネスがデジタルに置き換わっただけでは DX とは言えません。とはいえ何の手掛かりもなく、デジタルを駆使してビジネスを改革していくというのは困難でしょう。まずは仕事を効率化するために IoT を導入して、DX につなげていくというのも 1 つの手です。

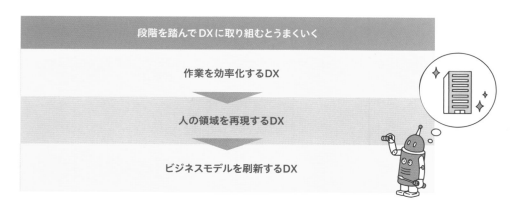

調べてみよう

自社でDXに取り組もうとしたとき、どこから手をつけたらいいかわからない場合は公の機関で相談をしてみましょう。本講で紹介した権田酒造、モード工芸の事例は、公益財団法人埼玉県産業振興公社（※4）のAI・IoTの技術支援が入っています。
埼玉県に限らず、他の都道府県でも中小企業を支援する公益法人があります。

名称は都道府県によって「中小企業振興公社」、「産業支援センター」、「産業支援機構」など異なりますが、中小企業の振興を図る目的で、多くは1970年代に設立された歴史ある公的な機関です。最寄りの振興公社に相談することで、自社のDXが前進していく可能性があります。

※4
埼玉県産業振興公社

https://www.saitama-j.or.jp/

都道府県など中小企業支援センター：全国一覧

https://www.chusho.meti.go.jp/soudan/todou_sien.html

本講を読み始めたとき、なぜDXがマーケティングの入門書で取り上げられるのかと疑問に思った人もいたかもしれません。それは、ここまで読んできてわかる通り、DXは適用範囲が広く、インターネットが与えた影響と同じように、ほぼすべての産業に関わっているからです。

マーケティングとは「自然と売れる仕組みづくり」のことです。企業がDXに取り組むことで、この仕組みを再構築することができます。これまでデジタル技術を活用していなかった企業が、DXで「脱皮」するようにして成長を遂げるのです。ただし、いきなり大きなことを志向する必要はありません。本講で見てきたようにコールセンターに人員が多く配置されているならチャットボットの導入からはじめてみるなど、そもそもどんなことができそうかと企業で考えているフェーズでは、最寄りの振興公社などの公的な機関に相談することからはじめてもよいのです。

DXをここで理解したことで、購入にまつわるマーケティングの要素もより深く理解することができます。消費者が何かを購入する時、何が購入を決定づける「スイッチ」となるでしょうか？

それは、世界観を直接的に伝えられるD2Cやユーザー体験（UX）が鍵を握ります。D2CとUXについて、次の第6講、第7講にて詳しく見ていきましょう。

調べてみよう

オフィスのDX化

あなたは仕事でどのようにオンラインを活用していますか。

オンラインと言うとコロナ禍によって一気に普及したZoomやTeamsでの会議や商談が筆頭に挙げられるでしょう。これらの多くはパソコンやスマホの画面を通しているため、没入感はありません。これが5Gの通信技術によってオンラインの3D空間が生まれ「オンラインオフィス」が劇的に変わっていく可能性があります。

図5-7 仕事はオンライン空間でSpatial WEBへ

考えてみよう

あなたの会社でDXを実施するとしたらどんなことができるでしょうか。書き出してみましょう。

解答例

● 毎月の請求書にRPAを導入する

● 発注業務にRPAを活用して自動化する

● 「よくある質問」をすべてまとめて、チャットボット化する

● 在庫管理にRFIDタグを導入して、一瞬で棚卸しを完了させる

● 製造業であれば、機器にセンサーを取り付けて、稼働時間を把握する

● 製造設備に温度センサーをつけて24時間トラッキングし、再現性のある商品づくりに役立てる

● 商品を3D化して、現実空間にARで配置して商談できるようにする

ちょっと深堀り

 学生

今回はオンライン空間での体験が気になりました。マネキンの商談がオンライン上で行われているというのも印象的でした。

リアルだと実際にその場に行かなければならなかったり、場所の確保が困難ということがあるけど、Web上ならその制限がないのがいいね。実は池袋に国際空港があるので行ってきたんだ。

 先生

図5-8　FIRSTAIRLINES Webサイト
https://firstairlines.jp/

 学生

池袋に空港ですか！？

商業地の池袋に空港なんてリアル空間では絶対に無理なんだけど、VRのヘッドセットをつけて地上にいながら航空・世界旅行の体験を味わうことができる施設があるんだ。イタリア便、NYC便、ハワイ便などが用意されているよ。

 先生

 学生

そんなVR旅行を楽しめる施設があるんですね。

先生

「イタリア便」に乗ってみたよ。 VRで出てくるイタリアの風景は、フィレンツェのドゥオーモやベッキオ橋、ローマのトレビの泉やコロッセオやスペイン広場といった定番の観光スポットなんだけど、テレビの平面で見るのとは違ってリアルで臨場感があったよ。

学生

リアリティが強く感じられるというのがVRの特徴なんですね。

先生

そうだね。実際にイタリアに行ったのはかなり昔のことだけど、VRだと没入感があるから懐かしかったな。当時歩いた道や食べたもの、エピソードなどを思い出しつつ、その時に戻ったかのような気分で現地の映像を楽しめたよ。

学生

VRは仕事からエンターテインメントまで応用の幅が広いですね。

先生

これからVRだけでなく、ARやMRも含めて、いくつかのプラットフォームが生まれてくると予測できるから、動向が楽しみだね。

学生

この分野に注目していきたいと思います。

第

5

講

DXとディスラプション

読んでみよう

『イラスト＆図解でわかるDX（デジタルトランスフォーメーション）』兼安暁 著　彩流社

復習クイズ

Q1 DX（デジタル・トランスフォーメーション）とは、（　　）の会社がデジタル技術を使って生まれ変わることでビジネスにおいて競争優位性を確立することです。

Q2 デジタル・ディスラプションとは、デジタル技術を武器に既存の業界に参入してくる企業（ディスラプター）により、既存の（　　　　　　　　　　　）が破壊されることです。

Q3 「チャットボット（chatbot）」とは、自動会話（　　　　　　）のことで、おしゃべりを意味する「チャット」と、人の代わりに自動的に実行するプログラムの「ボット」を組み合わせた造語です。

A1. 既存

A2. ビジネスモデル

A3. プログラム

第6講はAISAREの4番目であり2つ目の
A、アクションです。商品の購入やサービ
スの契約など、消費者行動において企業
が目指す1つ目のゴールとなります。
ここでは消費者が新品を購入する現場に
フォーカスします。EC市場の現状とECや
D2C、ソーシャルコマースを具体例を通し
て学んでいきましょう。

Society5.0

情緒的価値

第6講

DX

EC市場とD2C

マーケティング
フレームワーク
AISARE

A   Attention

I   Interest

S   Search

A   Action

R   Repeat

E   Evangelist

SDGs

AIS「A」RE：モノが買われる現場

あなたは日々の生活のなかで、日用品は最寄りのスーパーで購入する一方、本は3割以上をネットで購入しているのではないでしょうか。

また、プリンタのトナーはネットで購入することが多い一方、バイクを買うときには、実店舗に赴いて購入しているのではないでしょうか？　もしすべてに当てはまると答えた人は、統計的に平均的な日本在住者と言えます。

第6講で扱うのはAISAREの2番目のA、アクションです。消費者がモノを買ったり、サービスを契約したりするフェーズで、企業が目指すべき第1のポイントとなります。

私たちは何かを購入するとき、何を買うかによって、購入する場所やお店を選んでいます。その決め手となるものは何でしょうか。モノが買われる場所、ECについて、新しい潮流のD2Cやソーシャルコマースを理解しながらみていきましょう。

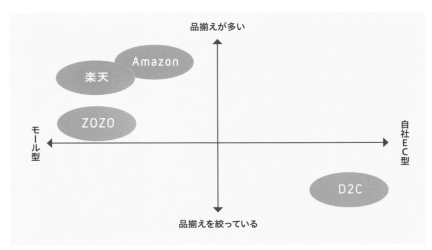

図6-1　BtoC向けECの分類

一次流通品をECで買う経済

Webサイトで商品を購入する時、目的に合わせて無数にあるECプラットフォームのうち1つを、意識的であれ無意識であれ、選んで買い物をしているというのは先程も説明した通りです。たとえば日常品の買い物であればAmazonや楽天といった品揃えのよい総合的なプラットフォーム、衣類であればZOZO、靴といえばロコンドなど、特定のカテゴリに強いプラットフォームを使い分けている人もいるでしょう。その他にも各ブランドやメーカーが独自のWebショップを持ち、消費者に直接ブランド価値を伝えていくD2Cまで選択肢はさまざまです。

EC市場とリアル市場の大きさと変化

あなたがECサイトを利用しはじめたのはいつ頃からでしょうか。

2018年に野村総合研究所が生活者1万人に対して行った調査によると、Web上で何かを購入した経験がある人の割合は、2000年に5%だったのに対し、2018年には58%まで上がりました。

さらに20代、30代では約8割の人が、過去1年の間にインターネットショッピン

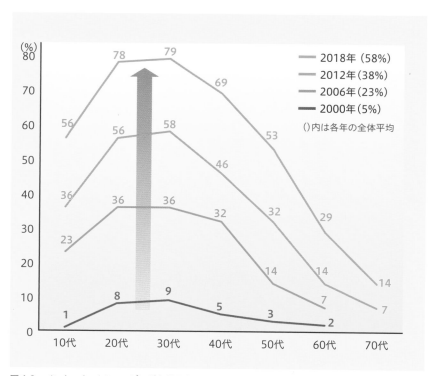

図6-2　インターネットショッピングを利用する人の割合の推移（年代別）
出典：野村総合研究所のデータを基にマイナビ出版にて作成
　　　https://www.nri.com/jp/news/newsrelease/lst/2018/cc/1106_1

グを利用したことがあると答えています。

楽天市場がサービスを開始したのが1997年、Amazonが日本に参入したのが2000年のことです。それから20年以上がたち、今やインターネットショッピングは日常生活に欠かせないものとなりました。

その一方で、実店舗で商品を購入することもまだ少なくありません。
購入額全体のうち、Web上で購入される割合はどれくらいあるのでしょうか。

MEMO

著者による都内の大学に通う大学生へのアンケート結果（2020年 有効回答数200超）でも、9割以上がWeb上で買い物したことがあると答えています。

図6-3 出典：経済産業省 日本のBtoC向け市場規模の推移
https://www.meti.go.jp/press/2020/07/20200722003/20200722003-1.pdf

BtoC向けECは市場規模を拡大

2019年時点でBtoCのEC市場規模は金額にして19兆円となっています。物販系のEC化は6.76％へと成長しました。EC市場規模は毎年1兆円程度伸びており、EC化率の伸びからも着実に市場でのEC化が進んでいることを表しています。

しかし前述のデータでは、20代、30代の約8割の人が過去1年の間にネットショッピングで購入したことがあると答えているにもかかわらず、金額ベースでのEC化率はまだ10％にも達していません。これはBtoC向けECの物販分野において、EC化率にかなりのばらつきがあるためだと言えます。

BtoC向けEC

BtoC向けECは「物販系」「サービス系」「デジタル系」の3つに分類されます。

図6-4　出典：経済産業省　2019年BtoC向けECの構成比

BtoC向けECの中では物販系分野のシェアがもっとも大きく、10兆円を超えています。物販系分野について、さらに内訳を見ていきましょう。

物販系分野の特徴

物販系分野は9つに分類されていますが、EC化率はかなりのばらつきがあることがわかります。たとえば紙の書籍はすでに3割以上がWeb上で購入されていることを示しています。2017年に出版した「デジタルマーケティング集中講義」でこのデータを取り上げた際、2015年の「書籍、映像、音楽ソフト」EC化率はまだ21.79％でした。P132の表6-1「物販分野のEC化率」を見るとこの数年でEC化率は10％以上も伸びたことになります。

「書籍、映像、音楽ソフト」のEC化率は34％、一般消費者向け「事務用品、文房具」は41.75％に達しているのに対し、「食品、飲料、酒類」のEC化率はまだ3％にも達していません。

この結果から読み取れることは、食料品、衣料品、自動車などの分野では、まだまだリアルの店舗で購入する金額の方が、Web上での購入よりはるかに多いと言うことです。物販系分野のEC化率が6.76％ですので、金額ベースでいうと約93％はリアルで購入されていることになります。

MEMO

ここでの書籍には電子書籍は含まれません。電子書籍はデジタル分野に入ります。

分類	2018年		2019年	
	市場規模 （億円）	EC化率 （%）	市場規模 （億円） ※下段：昨年比	EC化率 （%）
❶ 食品、飲料、酒類	16,919 (8.60%)	2.64%	18,233 (7.77%)	2.89%
❷ 生活家電、AV機器、 PC・周辺機器等	16,467 (7.40%)	32.28%	18,239 (10.76%)	32.75%
❸ 書籍、映像・音楽ソフト	12,070 (8.39%)	30.80%	13,015 (7.83%)	34.18%
❹ 化粧品、医薬品	6,136 (8.21%)	5.80%	6,611 (7.75%)	6.00%
❺ 雑貨、家具、インテリア	16,083 (8.55%)	22.51%	17,428 (8.36%)	23.32%
❻ 衣類・服飾雑貨等	17,728 (7.74%)	12.96%	19,100 (7.74%)	13.87%
❼ 自動車、自動二輪車、 パーツ等	2,348 (7.16%)	2.76%	2,396 (2.04%)	2.88%
❽ 事務用品、文房具	2,203 (7.57%)	40.79%	2,264 (2.76%)	41.75%
❾ その他	3,038 (9.31%)	0.85%	3,228 (6.26%)	0.92%
合計	92,992 (8.12%)	6.22%	100,515 (8.09%)	6.76%

表6-1　出典：経済産業省　物販分野のEC化率

車のように高額で購入前に試乗して確かめたいというニーズがあるものや、生活に密着した食料品などはそのすべてをECに移行するのは現状ではまだ難しいかもしれません。しかし、この牙城もネットスーパーなどのサービスが普及することによって、少しずつですが変化していると言えます。また、デジタル技術がさらに発展することによって、さまざまな分野が変化していく可能性もあります。日常的になったネットショッピングですが、ECにはまだまだ伸びしろがあり、これからも順調に拡大を続けていくことが見込まれます。

今後、どの分野が伸びていくのか、あなたなりの予測を立ててみることをおすすめします。そして、数年後に経済産業省の統計をみて、その仮説は正しかったか、違っていたらどこが違っていたのかを確認するようにしましょう。これは、経済の動向を読む練習としても最適です。

デジタル系分野の特徴

あなたはこの本を紙の本で読んでいますか？　それとも電子書籍で読んでいますか？

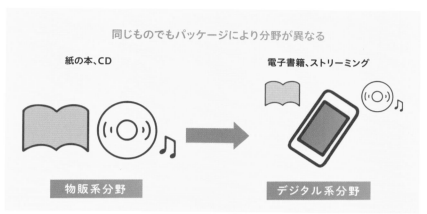

図6-5　同じものでもパッケージにより異なる分野となる

紙書籍という媒体は過渡期を迎えています。同じ書籍でも紙の本で購入されると物販系分野の売り上げに入りますが、電子化された書籍が購入されるとデジタル系分野の売り上げにカウントされます。

これは音楽でも同じことです。CDで購入されれば物販系分野の売り上げ、ダウンロードで購入されればデジタル系分野の売り上げとなります。

デジタル系分野のBtoC向けECの市場規模は現在、2兆円を超えています。

デジタル系分野のBtoC向けECの内訳は、電子出版、有料音楽配信、有料動画配信、オンラインゲームなどがあります。市場自体はオンラインゲームが1兆4,000億円前後と、もっとも大きなシェアを占めています。（P134の表6-2　デジタル系分野のEC化率）を見ると特に有料動画配信の伸びが著しいことがわかります。これはNetflixやHuluといったプラットフォームが伸びているからです。

デジタル系分野のBtoC向けECに共通することがあります。それは、すべて無形のコンテンツだということです。 Amazon Kindleの電子書籍も、Spotifyの音楽も、Netflixで見る映画コンテンツも無形のものです。購入しても手元にフィジカルな物体が届くということはありません。CDやDVDといったパッケージではなく、データをダウンロードしたりストリーミングすることで利用します。

MEMO

Kindleなど電子書籍の登場によって従来のビジネスモデルが破壊されました。これは第5講で扱ったディスラプションです。

MEMO

ストリーミングもデジタル系分野です。

分類	2018年 市場規模（億円）	2019年 市場規模（億円）※下段：昨年比
❶ 電子出版（電子書籍・電子雑誌）	2,783 (7.57%)	3,355 (20.58%)
❷ 有料音楽配信	645 (12.51%)	706 (9.56%)
❸ 有料動画配信	1,477 (12.00%)	2,404 (62.76%)
❹ オンラインゲーム	14,494 (3.00%)	13,914 (▲4.00%)
❺ その他	984 (6.00%)	1,043 (6.00%)
合計	20,382 (4.64%)	21,422 (5.11%)

表6-2　出典：経済産業省 デジタル系分野のEC化率

無形のコンテンツならではの利点

無形のコンテンツとして提供されるサービスを楽しむ場合、デバイスはユーザー各自が都合のよいものを選択できます。たとえば、外出先ではスマートフォンで見ていたNetflixを、家に帰ったあとはその続きをリビングのテレビモニターで見るということがシームレスにできます。電子書籍でも、通常は画面の大きな10インチのタブレットで読みつつ、外出時にタブレットを忘れてしまったときには、スマートフォンで続きを読むことができます。

また、従来の紙やCD、DVDといった有形のメディアには必ずパッケージの重さを意識する必要がありました。これが無形のコンテンツとなることで、1つ1つのコンテンツの物理的な重さはゼロとなり、コンテンツを持ち運ぶことを意識することがありません。たとえば紙書籍の場合、どんなに必要でも常に100冊の本を持ち歩くというわけにはいきません。しかしタブレットなら、100冊でも200冊でも持ち歩くことができます。いつでもどこでも、手持ちのデバイスにアクセスすれば利用できるという利便性をユーザーに提供しています。

次にサービス系分野のBtoC向けECの市場規模について見ていきましょう。

分類	2018年 市場規模 (億円)	2019年 市場規模 (億円) ※下段：昨年比
① 旅行サービス	37,186 (10.27%)	38,971 (4.80%)
② 飲食サービス	6,375 (41.61%)	7,290 (14.34%)
③ チケット販売	4,887 (6.34%)	5,583 (14.25%)
④ 金融サービス	6,025 (▲0.79%)	5,911 (▲1.90%)
⑤ 理美容サービス	4,928 (17.67%)	6,212 (26.06%)
⑥ その他（医療、保険、住居関連、教育等）	7,070 (9.00%)	7,706 (9.00%)
合計	66,471 (11.59%)	71,672 (7.82%)

表6-3　出典：経済産業省　サービス系分野のEC化率

サービス系分野のBtoC向けECもデジタル系分野と同じく、無形のサービスを提供しています。

たとえば、インターネットを活用してホテルや航空券の予約をした場合、この購入は旅行サービスのBtoC向けECに該当します。エクスペディアやトリバゴをはじめ、インターネット上だけで取引を行う旅行会社（OTA）などが増えています。

利点は、ユーザー自ら時間を気にせずに自由に比較検討でき、Web上で予約を完結させられることです。

ユーザーの立場で考えれば、家族で毎年楽しみにしている夏休みの海外旅行は自分たちでじっくり選びたいというニーズは必ずあるでしょう。情報を見ながらあれこれ比較検討して旅を計画したいというのは自然な欲求です。

ただし、旅行会社の実店舗に行こうと思っても、平日の仕事帰りか休日にしか行けないとなると、営業時間がネックになって行けず仕舞い…ということもあります。

その点、営業時間に左右されないインターネットでの予約は現代の多くの人の生活スタイルに適しています。実店舗に行かなくても、手のひらにあるスマートフォンでいつでも情報を把握できます。

旅行は、航空券もホテルもダイナミックプライシングが一般的です。ダイナミックプライシングでは、同じ旅行日のための予約でも旅行日の3か月前と10日前に予約するのとでは、価格が異なります。同様に同じ旅程の航空券でも、予約するWebサービスによって価格は千差万別です。

このような比較検討を、24時間365日、好きな時に自宅に居ながらにしてできます。Web上で予約が完結できるEC化はユーザーのニーズに合致しています。

同様にアプリなどのWebサービスから美容室を予約した場合も、理美容サービスのBtoC向けECにカウントされます。毎年理美容サービスを利用する人の数はほぼ変わらないにもかかわらず、2018年から2019年にかけて26%も伸びているということは、この分野においてオンライン化が大きく進んでいるということです。

この大幅な伸びの理由は、従来からある「ホットペッパービューティー」のような美容室の予約サービスが、右肩上がりに堅調に推移していることがベースとしてあ

MEMO

ダイナミックプライシングとは、商品やサービスの需要と供給の状況に応じて価格が変わることです。

Webでいつでも購入できる時代

ります。それに加えて、店舗を多く抱える大手の美容室グループを中心に、Webでの予約を強化していること、さらに第4講でみてきたように、Instagramで美容室を見つけて予約をする人が顕在化してきたことまで鑑みれば、納得の結果です。

また、飲食サービスやチケットサービスも昨対比14%以上であることから、サービス系分野のBtoC向けECは、伸び盛りの時期であると言えます。

他国の状況

日本のEC化率は他国と比べるとどうでしょうか。

eMarketerの調査（2020年）によれば、2018年時点で米国では9.85%、英国では20.67%のEC化率でした。同年2018年の日本のEC化率は6.22%ですので、英国は日本の3倍超のEC化率となっています。

ECはこの20年でなくてはならないものへと成長しました。他国の状況をみても、日本のECはこれからさらに伸びる余地があります。

EC分野の潮流とD2C

さらに現在のEC分野の潮流がどうなっているかを見ていきましょう。

EC分野の潮流としてD2C（Direct to Consumer）が挙げられます。

従来、Amazonや楽天といった大型のECモールへ出店していた企業が、自社のECサイトを強化する流れが起きています。

自社ECの場合、大手のECモールと比べて出店手数料が低くおさえられるというメリットがあります。しかし、これまでは、もともと有名なブランドであったり、広告費に多額の予算をつぎ込めない限り、自社ECは集客力で見劣りすると見られていました。なぜなら知名度が低いため、Webで指名検索されることが難しかったからです。

それがSNSの普及、特にInstagramやTwitter、YouTubeといったツールによって、スマートフォンでいつでも気軽に消費者に向けた情報を発信できるようになってくると、自社ECに勝ち筋が見えてきました。

YouTubeやInstagramといったSNSを活用することで、検索に過度に依存することなく、自社のもつ世界観を顧客に直接届けることができるようになったのです。YouTubeには「関連動画」があるため、たとえ指名検索されなくても、似たカテゴリの動画が自動的におすすめされていきます。また、Instagramも写真をメインに活用してブランドの世界観を消費者にわかりやすく提示することができます。

MEMO

ブランド名や会社名や店舗名のキーワードで直接検索されることです。消費者があらかじめブランドのことを知っていてはじめて指名検索されます。

このように顧客に直接世界観を届けて、Web上で購入（アクション）まで至らせることが、現在の新潮流のD2Cです。もちろん、旧来から自社ECはありましたが、現在のD2Cは、SNSを活用することで、自社の持つ世界観をストーリーを交えて顧客に伝えることができるようになりました。

Instagramなどの SNS を経由して購入に至るプロセスをソーシャルコマースといいます。実店舗でも買えるものをただWeb上で売るだけでなく、Webならではの特徴を組み合わせることで実に秀逸なデジタルマーケティングを行っている企業があります。それが D2C であり、ソーシャルコマースをかけ合わせた分野です。

世界観を効果的に伝えるD2C

D2C（Direct to Consumer）とは、企業が自社で企画・生産した商品を、卸売などの流通業者を介することなく、自社 EC サイトなどを通して直接消費者に販売するビジネスモデルのことです。

D2Cのブランドは主な販路をWebとしています。実店舗を持つ場合もありますが、実店舗は販売に重きを置くというよりも、消費者に製品やサービスを体験してもらうことを目的としているケースが多いです。

Amazonなどの大手の EC プラットフォームはすでに多くの顧客を抱えているため、ビジネスを EC 化する上で欠かせない存在ですが、他社製品との価格競争が繰り広げられがちで、企業の持つ世界観を表現するには向きません。

D2C によって、世界観やブランドの持つストーリーを顧客へ直接伝えられるようになったことで、ブランドを理解した上で初回の購入（アクション）をする消費者が増えていきます。これはビジネスにとって非常に大きな意味を持ちます。世界観を理解して購入した消費者は、その後も再度購入（リピート）する傾向が高くなり、ブランドに対する愛着を感じて自発的に推奨（エヴァンジェリスト）してくれるなど、AISAREの階段を上りやすくなるのです。

単なる EC サイトでモノを売る場合、販売に注力するあまり、価格を下げたりすることでとにかく「モノを売ること」に重きを置きがちです。そのため、世界観やストーリーを伝えることに無頓着になってしまう傾向にあります。しかし、現代のマーケティングに必要な視点は、世界観を大切にして、良質で息の長い顧客を獲得することです。D2C には、価値観を共有し、顧客とブランドをともに育んでいけるという最大のメリットがあります。

D2Cでモノが売れる仕組み

D2Cの手法を「ソーシャルコマース」「世界観の表現」「プロダクトローンチ」の3つに分けて紹介します。

「ソーシャルコマース」とは、SNS経由でモノが売れることです。

「世界観の表現」とは、ブランドの世界観をECサイトやLINE公式アカウント、Instagramといった SNSで表現して、顧客との関係性を深めることです。

「プロダクトローンチ」とは、SNSの他、クラウドファンディングやYouTubeやメールといったツールを活用することで、見込み客を集めてタイミングを合わせて一気に販売する仕組みのことを指します。

ソーシャルコマースの成功法則

企業がソーシャルコマースで成功するためには何をしたらよいか、女性向けアパレルブランドを例に、成功している企業から特徴を抽出して紹介します。

たとえば、20代〜30代女性向けで、スタイリッシュでありつつ普段使いもできる、リーズナブルな価格が特徴のアパレルブランドの場合、ターゲットとなる層の利用率が低いFacebookではなく、利用層が重なるInstagramを選択するのが妥当です。

アパレルブランドにおいて、ソーシャルコマースにInstagramを活用する際のポイントは下記の4点です。

1 日常の中で着ていることをイメージできるような品のある投稿
2 投稿頻度
3 新作限定の割引
4 購入までの画面遷移のスムーズさ

1 日常の中でユーザーが使用していることをイメージできる投稿
　Instagramのフィードを眺めていると、あからさまに広告であることがわかるような、商品のみを写した投稿があります。こうした不自然な投稿は、ユーザーに避けられる危険性があります。ソーシャルコマースを成功させるポイントの1つは、日常のスナップフォトのようなテイストで撮影したものを投稿することです。普段のお出かけの際に着られるような写真を投稿することで、ユーザは自分が着用したときのイメージをより鮮明に思い浮かべることができます。ユーザーがこの服を着たい、買いたい（アクション）という気持ちになるよう、自然にアピールしていきます。

2 投稿頻度の高さ

投稿は基本的に毎日行うことが重要です。写真のモデルやロケーションは、毎回同じではなく、日々変化させるように工夫します。こうすることで、毎日の投稿でもユーザーを飽きさせることがありません。

3 新作限定の割引

新作限定の軽微な割引もソーシャルコマースを成功させる要因となります。たとえば、発売開始から24時間限定で、10%程度の割引などを行います。大幅な値下げでないところがポイントです。ここでもし、3割以上の値下げを先行して行い、その後に価格を定価に戻したとすると、はじめの割引期間は売れる一方で、あとから買う人は損した気分になってしまいます。心理的にそう感じた人が、ここで商品を買おうという気持ちにはなりにくいでしょう。10%という割引率は、投稿を見てこの服が欲しいと思った人に、購入するきっかけを与えることができ、かつその後の消費者のモチベーションを下げることのない絶妙な設定だと言えます。

4 購入までの画面遷移

成功しているアパレルブランドのInstagram投稿を見てみると、モデルが着用している服の写真がほとんどです。一見すると価格は表示されていません。写真の●で表示される部分をタップすることで、価格をポップアップで表示するようにします。そこからWebショップへシームレスにたどりつける仕組みにすると、Instagramから購入（アクション）の流れをスムーズに設計することができます。
このようなアパレルブランドでは、ソーシャルコマースをうまく活用してモノが売れる仕組みをつくっているだけでなく、自社のターゲット層をしっかり把握していることも1つのポイントです。
多くのアパレルブランドが特にInstagramに力を入れていることからも、Instagramのメインユーザーが流行に敏感な20〜30代女性であることを意識した上で、ターゲット層と合致したSNSに注力していることがわかります。

このように、企業がソーシャルコマースに取り組む場合は、SNSの特性やユーザー層を意識した上で活用することが大切です。

図6-6　ソーシャルコマースにSNSを活用する

ソーシャルコマースに吹く追い風

ECサイトに訪問する直前に見られていたサイトがSNSであるというパターンが増えています。米国のデータでも、ソーシャルコマースのアクセスシェアは右肩上がりなのがわかります。 D2Cに似ている仕組みにSPA（Specialty Store Retailer of Private Label Apparel）があります。ソーシャルコマースと相性のいいSPAが組み合わさることで、順調なソーシャルコマースがさらに伸びると考えられます。

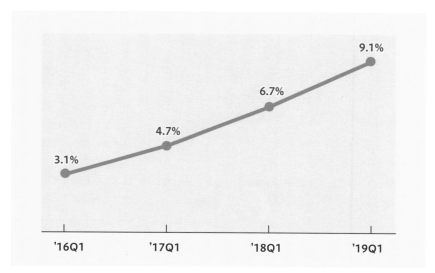

図6-7　出典：経済産業省　米国のソーシャルコマースのアクセスシェア
https://www.meti.go.jp/press/2020/07/20200722003/20200722003-1.pdf

SPAとD2C

SPA（エス・ピー・エーまたはスパ）は、Specialty Store Retailer of Private Label Apparelの略で、企画・製造から販売までが一体となったビジネスモデルです。GAPや、ユニクロのファーストリテイリングなどが採用しています。SPAは製造小売業ともいいます。

SPAは企画、製造、販売が別々に行われている場合と比べて、世界観が統一されやすいというメリットがあります。自社の世界観に基づいて、企画から製造、販売までを一貫して行えるからです。そのため、世界観を伝えるD2CとSPAの親和性は高いのです。自社の世界観を直接消費者に届けられると言う点で、SPAは同じ利点を持っていると言えます。

	D2C	SPA
製販一体	製造は委託して企画と販売がメインの場合も	製販一体である
主な販路	Web	実店舗
実店舗の役割	体験	販売

D2CとSPAの比較

D2Cと異なり、多くのSPAは実店舗で商品を販売しています。しかし近年はオムニチャネルの動きが進み、ユニクロでもWebの販売率が伸びてきました。さらにユニクロでは、Web上で注文して店舗で受け取るといったこともできます。

ここまで見てきたように、D2CブランドはSNSも活用して、情報感度の高い20代を中心とした若い世代に受け入れられています。一方で、D2CがSPAと異なるのは、販売のための実店舗を極力持たず、自社が運営するECに経営資源を集中している点にあります。

—

次に衣料品以外の分野でのD2Cを見ていきましょう。Webコンテンツとメールマガジンを活用した世界観の伝え方が見事です。

MEMO

オムニチャネルとは、顧客が自分の好きなタイミングや場所、デバイスで欲しい情報を入手して、自由に購入したり、受け取り方法を選べる流通経路のことです。ユニクロでは、アプリから注文をして、数日程度で店頭での受け取りが可能です。

世界観の表現：Mr. CHEESECAKE

図6-8　Mr. CHEESECAKE
https://mr-cheesecake.com/

Mr. CHEESECAKEは、フランスの名店などで修業を重ねた田村浩二シェフがプロデュースしています。提供している商品は季節限定の商品はあるものの、基本的には定番のチーズケーキ1種のみです。

創業は東京ですが実店舗での販売はなく、オンラインショップでの販売のみです。冷凍で送られてくるチーズケーキは、解凍度によって味わいと香りが変化します。1つの商品でさまざまな食べ方ができると提案をしているMr. CHEESECAKEは、その商品自体にストーリーがあるようです。「世界一じゃなく、あなたの人生最高に」というブランドの世界観を掲げています。

Mr. CHEESECAKEはその世界観を伝えるために各種SNSを活用しています。

┃ メールマガジンで世界観をコンスタントに伝える

Mr. CHEESECAKEの世界観や想いは、Webサイト内にある「ジャーナル」というコンテンツページで発信されています。その時々の新しい情報がブログのようにアップデートされています。ブランドとして顧客に伝えたいことを掲載しているのですが、こうしたWebサイト上の情報はややもすると見逃されがちです。

Mr. CHEESECAKEでは、メールマガジンを定期的に配信することで顧客と接点をもっています。メールマガジンには、ジャーナルページへのリンクが掲載されており、消費者は定期的にジャーナルを読むことで、Mr. CHEESECAKEの存在を忘

れることなく、購入のタイミングを待つことができるのです。

Mr. CHEESECAKEの購入方法には特徴があります。通常は日曜日と月曜日の週2回、両日とも朝10時に商品を販売開始します。そしてすぐに完売してしまうという状況が続いています。

Mr. CHEESECAKEは、現状の生産可能数の中で、消費者にとって一番よい形で届けられる販売方法を判断した上でこのビジネスモデルを選択しています。消費者目線から見ても、この販売方法は決してマイナスにはなりません。Mr. CHEESECAKEの掲げている「世界一じゃなく、あなたの人生最高に」という世界観ともあいまって「希少なもの」というブランド価値を感じることができます。

プル型施策とプッシュ型施策

ECサイトは検索されたり、過去にアクセスしたことを思い出されることではじめてアクセスされるものです。ブランドがいくら素敵なストーリーを持っていても、それだけでは売れる仕組みは構築できません。

よほどのレコメンドがないかぎり、初めて訪問するサイトでいきなり予約や購入をするのは勇気がいるものです。多くの場合、消費者は2度、3度とサイトへアクセスし、商品情報や世界観に触れていくうちに購入（アクション）のフェーズへと進んでいくと考えられています。

しかし、慌ただしい日常の中で消費者に商品やお店のことを思い出してもらうのは難しいものです。せっかくAISAREのうちのアテンションを獲得し、興味をもって検索まで至ってもらえたとしても、日々の生活の中で獲得した情報はいつの間にか埋没してしまいます。

これはプル型施策（引き込み型の施策）の特性といえます。

図6-9　プル型施策とプッシュ型施策

消費者に情報を検索してもらうのも、情報を思い出してもらうことでECサイトにアクセスされるのもプル型です。種をまいて消費者に「見つけてもらう」ことを目指しています。

プル型施策と合わせて行うと有効なのがプッシュ型の施策です。企業から消費者にアプローチできるようにします。たとえば、Mr. CHEESECAKEのようにメールマガジンを使うことができるでしょう。一度顧客に登録してもらえれば、企業から直接アプローチできるようになります。

世界観を伝える手段はメールマガジンの他にもLINE公式アカウントやInstagramなどさまざまです。消費者の特性に適切な手法を併用してアプローチしていくとよいでしょう。

クーポンを発行するのも有効

消費者の関心を引くためには、クーポンを発行したりセールを実施したりするのも1つの手です。メールマガジンやSNSで告知することで、より多くの人がサイトに来訪することを期待できます。ただし割引クーポンに頼りすぎることはやめましょう。年中クーポンを発行している状態が続くと、その先も価格でしか勝負ができなくなってしまいます。誰でも使えるクーポンではなく、期間を限定したLINE限定のクーポンを発行するなど、工夫をすることで特別感を演出します。

もっとも、世界観の確立したブランドではクーポンやセールを実施しないことがあります。消費者はブランドに対して、価格でなく品質と世界観を重視して購入しているからです。

プロダクトローンチ：BODYBOSS2.0

新商品を発売するとき、ただ単にWebショップを開設しただけでは売れないということはこれまでの流れを見てきてわかったと思います。消費者に商品を買ってもらうというゴールに到達するには、ターゲット層に情報を発信し、興味を持ってもらい、SNSやWeb上で情報検索してもらう状態をつくることが重要です。

自宅でさまざまな種類のトレーニングができるBODYBOSS2.0という商品は、軽やかにD2Cに対応しています。

クラウドファンディングとSNS、YouTubeを組み合わせてマーケティングを行い、目標金額300万円のクラウドファンディングで1,840万円以上もの支援を受けて大成功しました。

プロダクトローンチとは、クラウドファンディングやYouTubeやメールといったツールを活用して見込み客を集め、タイミングを合わせて一気に販売するという仕組みです。

図6-10　BODYBOSS2.0 Webサイト
https://www.bodybossportablegym.jp/

図6-11　クラウドファンディングのページ
https://greenfunding.jp/lab/projects/1955

プロダクトローンチでは、とくに販売を開始する前の段階が重要となります。ECサイトを準備するのはもちろんのこと、プレスリリースやSNS、クラウドファンディングなどを組み合わせて、情報を出すタイミングなど、周到に準備していきます。なかでも、BODYBOSS 2.0のような「新規性」のあるグッズを扱う場合には、クラウドファンディングが要となります。クラウドファンディングで目標金額を早々に達成して売れたとなれば、その商品には市場性が認められるからです。

クラウドファンディングを主軸にしてデジタルマーケティングの準備をしていく場合、リアル店舗は不要です。特にBODYBOSS 2.0は最新のテクノロジーやアイデアが詰まった商品です。その商品の世界観を鑑みて、ふさわしいYouTuberを選定してコラボを行ったり、クラウドファンディングなどを通して商品と相性がよい人に情報を届けていきます。たとえばBODYBOSS 2.0のような新しい製品の場合、新しいものを好む、キャズム理論でいうと上位2.5%のイノベーターに対してアプローチをしていくのです。

プロダクトをローンチした後も、Web上やYouTubeなどで紹介してさらに売り上げを伸ばしていきます。

考えてみよう **上質なワイシャツブランドを立ち上げるとしたら、あなたはどのECプラットフォームを利用して販売しますか。**

解答例　私がブランドを立ち上げるとしたら、大手のショッピングモールへの出店より先に独自のECサイトの立ち上げを選択します。

大手のモール型ECであれば、すでにそこで買い物をしている消費者がいるため、はじめから集客を期待でき、信頼度も高いでしょう。しかし、他社の商品が多くある中で、自社製品が埋もれてしまうリスクがあります。そこで、ショップの世界観を適切に伝えるブランディングの観点から、独自の自社ECサイトを立ち上げるのがよいと思いました。ECサイト構築にはさまざまなツールがありますが、Shopify（※1）を使って構築するつもりです。

自力で集客する必要があるため、成果が出るまでには時間がかかるでしょう。ただし、現在はソーシャルコマースの時代です。良質な情報をSNSへ投稿し、顧客とつながることで適切にブランド価値を伝えていくことができます。また、上質なワイシャツは着心地という「体験」を売っています。一度着たら手放せなくなる商品です。この世界観を独自のECサイトで伝えていきます。

※1
北米ではメジャーなECサイトの構築運営ツール。固定費用は月額数千円（29ドル）からと安価で、日本でも大手企業が活用しています。
https://www.shopify.jp/

ちょっと深掘り

 学生1

私はSNSを毎日利用しているので、ソーシャルコマースが気になりました。

「自分にも当てはまる」と思うようなことがあった？

 先生

 学生1

はい。たとえば、友達が新作映画を見てきたことをツイートしていると、その映画のことが気になって、つい公式サイトにアクセスしてしまいます。そこで面白そうだと感じたら、そのままスマートフォンで映画館の座席を予約します。これもソーシャルコマースと言えるでしょうか？

そうだね。SNSが起点になって実際のサービスの購入につながっている。自分の好みに合わない映画にはあたりたくないよね。

 先生

 学生1

はい。Twitterでいくら評判がよい映画でも、好みのジャンルじゃないと、失敗したと思うことがあるんです。でも自分と好みが似ている友人が面白いと言う映画なら、間違いないと思っています。

たしかに評判は気になるね。ちなみにどんなジャンルが好みなの？

 先生

 学生1

SFが大好きです。恋愛ものは苦手です。

 学生2

そうなんだ。私は恋愛ものが好きで、SFはちょっと……

君たち2人は映画館には一緒に行けないようだね（笑）。

先生

学生1

そういうことなら、恋愛映画も大好きです！

学生2

もう遅いよ（笑）。

『D2C 「世界観」と「テクノロジー」で勝つブランド戦略』

佐々木康裕 著　NewsPicksパブリッシング

復習クイズ

Q1 D2C（Direct to Consumer）とは、企業が自社で企画・生産した商品を、卸売などの（　　　）業者を介することなく、自社ECサイトなどを通して直接消費者に（　　　）するビジネスモデルのことです。

Q2 SPAとは、Specialty Store Retailer of Private Label Apparelの略で、企画・（　　　）から販売までが一体となったビジネスモデルです。

Q3 ダイナミックプライシングとは、商品やサービスの需要と（　　　）の状況に応じて価格が変わることです。

A1.　流通、販売

A2.　製造

A3.　供給

この講では引き続き、アクションにまつわるお話をしていきます。

メインテーマはユーザー体験（UX）です。UXはAISAREの全期間に適用されますが、なかでもUXはアクションと深い関係があります。具体例を見ながら、よいUXとは何かを習得していきましょう。

Society5.0

情緒的価値

第7講

DX

リアルとデジタルを統合する
ユーザー体験

マーケティング
フレームワーク
AISARE

SDGs

A Attention

I Interest

S Search

A Action

R Repeat

E Evangelist

AIS「A」RE：ユーザー体験を考える

ここまで、企業から消費者へブランドの世界観を提示することが大事であることを伝えてきました。これと同様に、ユーザーとブランドとの接点を分析し、ユーザーが心地よいと感じるようにユーザー体験（UX）を向上させることもまた重要です。ここではUXとUIの違いについて、また、すぐれたUXの例とそのポイントをまとめています。

UXとは何か

UXとは、ユーザー体験（User Experience）のことで、ユーザーが製品やサービスを通じて体験する一連の流れのことを意味します。

本書では消費者の行動心理モデル、AISAREを使ってマーケティングにまつわる事象を紐解いていますが、UXはAISAREの全期間（顧客が商品に出会ってから商品を検索、購入し、愛着を持って利用するまで）がいかにスムーズに設計されているかということに密接に関係があります。

ユーザー体験がよいものとは、究極的に言えばユーザーが愛着を持って使い続けたくなるものです。特徴として、手間なく快適である、利用していて楽しいという2つの要素があります。

たとえば、なぜこんなにも多くの人がスマートフォンを肌身離さず持ち歩き、利用しているのでしょうか。今では本来の電話機能だけでなく、写真を撮るときも、音楽を聴くときもスマートフォンを利用するという人が多いくらいです。その理由は簡単です。いつも持ち歩いているスマートフォンのほうが、わざわざデジタルカメラを持ち出すより、手間なく写真を撮れるという利便性のよさが、人々がスマートフォンを使い続ける理由の1つになっています。音楽を聴くときも同じことです。MP3プレーヤーやCDデッキなどの専用機器を使うより、スマートフォンで音楽を聴くほうが手

MEMO

本書ではUXの目的を「手間なく快適・楽しいを実現すること」と定義します。

間がありません。外出時のメールの確認も、パソコンをわざわざ持ち歩くまでもなく、スマートフォンで行うことができます。

こう考えると、今では生活のほぼすべてにスマートフォンが存在することに改めて気付くでしょう。ニュースやSNS、検索にゲーム……、スマートフォンを利用すれば快適に必要なサービスを受けられることが日常的になっています。

これがスマートフォンの提供するユーザー体験の素晴らしさです。この快適さから、多くのユーザーは一度スマートフォンを使い始めると、もう以前使っていたガラケーに戻ることはありません。買い替えの時期が来ても、また新しい機種のスマートフォンを買って使用し続けています。

逆に言えば、人々は不快なこと、不便で苦しいことを本能的に避ける性質があるということです。ユーザーが商品を使う上で日常的に感じているちょっとした不満や、使い勝手の悪さをしっかりと拾い上げて、解消してあげることがよいUXをつくる1つのポイントになります。

似たような商品やサービスであれば、人はより便利なもの、快適なものを追い求めます。競合が提供する商品やサービスの目的が同じでも、手間なく快適に、目的に到達できる方法をユーザーに提供することが大切です。

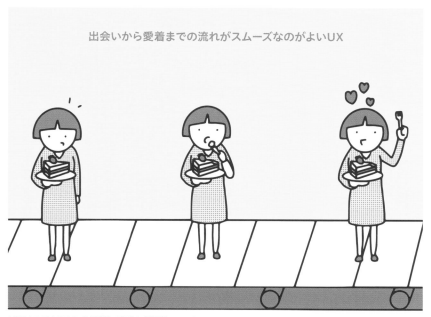

出会いから愛着までの流れがスムーズなのがよいUX

UXはAISAREの全期間に密接に関係している

UXに似ている言葉にUIがあります。UIとはユーザーインターフェイス（User Interface）の略語です。UIは特に機器と利用者とのインターフェイス（接点）のことを指す言葉で、機器を通じて情報をやりとりするときの使いやすさを意味します。たとえば、スマートフォンアプリの画面操作の扱いやすさについてのことです。UIというと、ただ単に画面の見た目のことだけを指していると勘違いする人もいるかもしれません。もちろん見た目もUIに含まれています。画面上のレイアウトや、使用されている画像やフォントもUIの一部なのです。見た目を構成するそのすべてが、最終的には操作性にも寄与しています。一方でUXは全体の利用体験を意味します。UIのよさによる快適さもつまりはUXに含まれます。

図7-1　UXとUIの違い

なぜUXが重要なのか

UXが重要な理由は、UX次第でそのブランドが選ばれ、利用され続けるかどうかが決まるからです。

第2講で、企業にとって重要なのは世界観であるというお話をしました。その世界観は、企業が提供する商品やサービスを通じて表現され、消費者に届けられます。しかし、繰り返しになりますが、いくら優れた世界観を構築できていたとしても、その世界観をユーザーに適切に届けられなければマーケティングは成功しません。ユーザーがUXを通じてブランドの世界観を正しく理解してくれることが、企業として目指すべきものです。同じようなサービスで似たような世界観を構築しているブランドであれば、UXは競合と差別化をはかることができる鍵となります。

よいユーザー体験とは

UXの目的を「手間なく快適・楽しい」と定義するのであれば、この目的に近づけば近づくほどよいUXを実現できていると言えるでしょう。

たとえば世の中には数多くの日記アプリが存在します。そのうちの1つのアプリは、操作すべきポイントが、すべてアイコン化されていて直感的にわかりやすい（UIがよい）のが特徴です。また、1週間日記を書かないでいると、スマホ上での通知で日記アプリの存在をリマインドしてくれます。書き続けて1年、2年が過ぎると、昨年の今日の日記が縦に並び、1年前に自分が何をしていたかがわかる画面設計になっています。すると、1年前に何をしていたか、簡単に振り返ることができるため、人生の転機について考える機会ができたりと、日常の中で新たな気付きをもたらしてくれます。こうした日常の新たな発見は、知的な楽しみを提供してくれるばかりか、ユーザーにとっては日記を書き続けるモチベーションともなります。

このように、ユーザーが好んで使い続ける人気のアプリは、優れた操作性（UI）と、ずっと使い続けたくなる楽しさ（UX）を兼ね揃えています。

アプリの多くは、さらなるUXの向上のため、ユーザーの意見をもとに操作性を改善することを日常的に行っています。意見が反映されることで、ユーザーには、単なる利用者意識だけでなく、よいUIやUXをつくり上げるために自分たちがサービスに貢献しているという、当事者意識をもたせることにもつながります。

よいUXの特徴は以下の4つにまとめることができます。

■ **よいUXの特徴**

1　非言語化され、マニュアルがなくても使い方がわかる

2　リアルとデジタルのスムーズな連携を実現している

3　ユーザーへ新たな気付きを提供している

4　ユーザーに単なる参加者意識ではなく、当事者意識をもたせることがある

それぞれを具体的な事例を通して見ていきましょう。

非言語でわかるUXインタラクション：チームラボボーダレス

「森ビル デジタルアート ミュージアム：エプソン チームラボボーダレス」は、体験型の美術館（デジタルアートミュージアム）です。作品は訪れる季節や時間によって変化していきます。また、鑑賞者の存在、作品同士によっても刻々と変わっていきます。チームラボボーダレスのUXがすぐれている点は、非言語でわかることです。

視覚と音による芸術のため、言語による境界（ボーダー）がありません。映像で映し出される作品が、館内のあらゆるところで展開されており、境界がないだけでなく、作品を感じ取るのに人種や言語や年齢といったものを隔てるボーダーもありません。チームラボボーダレスは「さまよい　探索し　発見する（Wander、Explore and Discover）」をテーマとしています。

通常美術館にはフロアマップがあり、順路が明示されていますがチームラボボーダレスにはフロアマップもありません。
本能の赴くまま、自由に展示スペースを歩くことができます。ここでは何も考えることなく、感じたままに館内をさまよい歩くことで、さまざまなことを発見していきます。

MEMO

1万平米ある広い館内に500台のプロジェクタから映像が投影されています。それらが520台のコンピューターとつながっています。

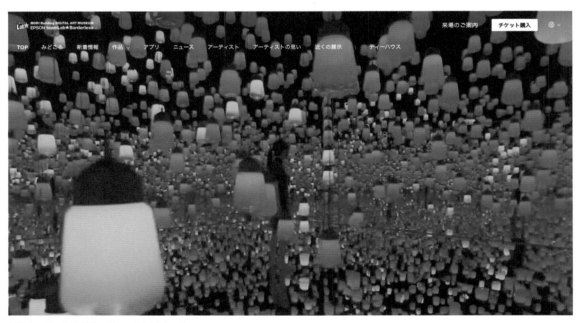

図7-2　チームラボボーダレスのWebサイト
https://borderless.teamlab.art/jp/

よいUXの条件の1つは、言語に頼らずとも直感的に使い方がわかることです。言語、性別、人種、年齢というあらゆるボーダーから解放されたチームラボボーダレスは、訪れる人たちにすばらしいUXを提供しています。五感を通じて感じ取る、これまでにない体験型ミュージアムに魅了され、開館1年で世界160カ以上の国から約230万人が来場しました。

リアルとデジタルのスムーズな連携：メルカリ

メルカリは、フリーマーケットアプリのサービスです。

メルカリのUXの特徴は、リアルとデジタルの連携がスムーズなことです。具体的にここでは「発送日の信憑性」「購入から発送までの手間の最小化」「出品者のマインドの変化」という3つのポイントにしぼって紹介します。

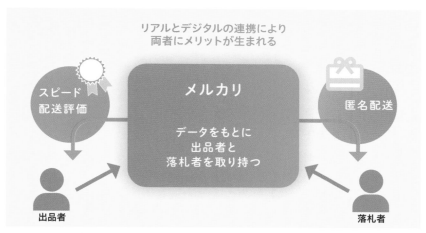

図7-3　リアルとデジタルのスムーズな連携

MEMO

月間アクティブユーザー数（MAU）は、1,802万人（2021年2月現在）で、日本最大のフリマアプリを展開しています。

▎発送日の信憑性

メルカリでは購入ボタンが押されてから発送されるまでの日数は、出品者が出品時に決めています。そのため「発送までの日数」に「1〜2日」と表示されていても、実際にその日数で発送されているかどうか、落札者にはわかりません。落札者がすぐに使用したくてその商品を探している場合、発送までの日数は購入（アクション）に至るまでの非常に重要な指標となるでしょう。出品者の自己申告の日付けに信ぴょう性がない場合、落札者はそこで購入を諦めてしまうかもしれません。

そこでメルカリは、発送までの日数について「1〜2日」を選択している商品で、購入されてから24時間以内に商品を発送している出品者に対して、実績データを根

拠に「スピード配送」表示をしています（※1）。迅速に発送を行う出品者にたいして、メルカリがお墨付きを与えているということです。スピード配送表示は、メルカリが商品が落札されてから発送されるまでの時間をデータで蓄積できているため、実現できていることです。実績を根拠とした表示ができるよう、購入から発送をメルカリ側で確認、管理できるシステムを構築しています。

出品者の発送スピードがこの表示によってわかるため、特に今すぐ欲しいという商品については、購入を検討している人のアクションを後押ししてくれます。

この仕組みは、出品者にとってもアイテムが売れやすくなるというメリットがあります。そのため、出品者は次回以降も迅速に発送しようという動機付けにもなり、出品者と落札者の両者にとってポジティブな仕組みとして作用しているのです。

また、メルカリは購入から発送までの手間や時間を短縮するためのサービスも提供しています。

※1
詳しいガイドラインについては
「メルカリガイド　バッジ（スピード発送バッジ）について」
をご確認ください。

https://www.mercari.com/jp/help_center/article/689/

購入から発送までの手間の最小化

出品者が迅速に商品を発送し、落札者が必要なタイミングで商品を受け取れるよう、メルカリでは発送の手間を最小化するサービスを用意しています。自動生成されたQRコードによって、落札者へ匿名配送でき、コンビニと提携することで24時間365日、いつでも発送できる状態を整えているのです。

従来、CtoCのオークションやフリーマーケットサービスでは、落札後、出品者と落札者が配送先や配送方法について、各自でやり取りする必要がありました。発送まで手間と時間がかかってしまうだけでなく、ネット上で個人情報を明かさなければならないことに対して、心理的な抵抗がある人もいたでしょう。

メルカリでは、落札後に商品をコンビニや郵便局へ持っていき、専用の端末でQRコードをかざすだけでタグが発行されます。それを梱包した商品に貼り付け、専用のボックスに投函するだけで発送完了です。相手に住所を聞く必要も、宛名を書く手間もありません。多くのコンビニは365日24時間開いていますから、たとえ購入されたのが夜だとしても、すぐに発送することが可能です。

このシステムのおかげで、配送の間違いも、お互いに住所が知られてしまうという問題も回避することができます。メルカリは、プライバシーを重視する現代において、時代にあった方法をデジタルの力で打ち出したと言えるでしょう。出品者、落札者双方に魅力的なサービスを提供しています。

MEMO

CtoCとは、Consumer to Consumerの略で、一般消費者（Consumer）同士の取引のことです。

出品者のマインドの変化

メルカリの登場によって、出品者のマインドが変化しました。商品を買うこと、売ることがより気軽になったのです。

これまで中古品を売るためには場所が必要でした。たとえば、家にある本を売りたい場合には、販売を代行してくれる古本屋を介する必要がありました。

値付けは古本屋によって行われるため、売ろうと思った本が二束三文にしかならないこともありました。しかし、メルカリであれば自分が納得できる額で販売できます。もちろん、引っ越しなどで家にある200冊をすぐに手放さなければならない場合には、古本屋の利用が適切な場合もありますが、いつ売れてもかまわないものであれば、売れるまでは本棚に置いておき、売買が成立したら発送すればよいのです。

このようなマインドの変化は、メルカリがリアルとデジタルの連携をスムーズにするUXを提供したために可能となりました。

ユーザーへ新たな気付きを提供する：Googleマイビジネス

Googleマイビジネスとは、Google検索やGoogleマップに、ローカルビジネス情報を表示して管理できる無料のツールです。

GoogleマイビジネスのUXは、ユーザーに新たな気付きを与えてくれます。すでにそのサービスを体験した他のユーザーの写真やコメントを参考に、ユーザーは初めて行く場所やお店を選べます。お店にとっては、Googleマイビジネスに登録しておくことで新しい顧客を呼び込める、心強いサービスです。

利用イメージがつかめるように具体例を1つ見ていきましょう。

海外に行くと、飲食店などのお店選びに苦労することがあります。そんな時、Googleマイビジネスを使えばそのUXのよさを実感するでしょう。

たとえばリゾート地でカフェを探すとき、Googleアプリから日本語で「カフェ」と検索します。表示された検索結果画面で気になった情報を選ぶと、ユーザーが投稿した写真や評価から店の概要をつかむことができます。今お店が開いているのか、混雑状況はどうかといった基本情報はもちろん、星評価の分布からレビューも確認できます。海外にあるレストランの場合、顧客が日本人とは限りません。地元、欧米、アジア、さまざまな国々から集まった客のレビューが表示されますが、Googleがスマートフォンの言語設定にあわせ、自動翻訳して表示してくれます。

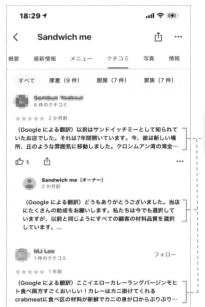

写真で雰囲気を
確認できる

自動翻訳された
レビューが表示
される

レビューの高さ
や営業時間が確
認できる

図7-4　Googleマイビジネスの画面

お店へのクチコミはユーザーが書くものですが、それに対してお店が返事を書くこ
ともできます。そしてそのやりとりは、他のユーザーもアプリで見ることができます。
すると、普段の接客やお客さんへの対応が丁寧であるかどうかといったことも
Googleマイビジネスを見ているだけで推察できるようになります。ユーザーは、利
用者の情報を参考にすることで、初めて訪れた場所でも求めているものを容易に見
つけることができ、満足度の高い体験をすることができます。Googleマイビジネス
のUXにおいて、優れているのはその操作性の高さです。Googleで検索し、お店
を選んでレビューを確認する、その流れがスムーズです。Googleの提供する自動
翻訳機能のおかげで、ユーザーはもちろんのこと、お店側も自ら多国語に対応する
ことなく、世界中のユーザーにほぼ同じ情報を提供することができます。
このようにGoogleマイビジネスは、ユーザーに新たな気付きを与え、満足度の高
い経験をアシストしてくれます。

図7-5　noteのダッシュボード

noteは、主に文章を配信するためのプラットフォームです。

> わたしたちは "だれもが創作をはじめ、続けられるようにする。"をミッションに、表現と創作の仕組みづくりをしています。メディアプラットフォーム・noteは、クリエイターのあらゆる創作活動を支援しています。
> 引用：note会社概要
> https://note.jp/n/ncdf97fd53291/

noteのUXがすぐれているところは、ゲーミフィケーションを活用して書き手の書きたい欲求を動機づけしているところです。

書き手に対するゲーミフィケーション

noteは、ゲーミフィケーションを活用して、書き手のモチベーションを引き出すことに成功しています。たとえばバッジという仕組みがあります。初めて記事を書いたとき、記事に対して読者から「スキ」をもらえたとき、3日間連続で記事を書いたとき、書き手にはバッジがつく仕組みになっています。バッジが付与されたからといって、金銭など物質的な何かをもらえるわけではありません。しかし、このバッジによって、自分が次に何をしたらいいか、noteをうまく使いこなすためには何をすべきか

MEMO

月間アクティブユーザー数は2020年5月時点で6,300万人で、掲載されたコンテンツ総数は870万件ほどです。noteの月間アクティブユーザー数は、Facebookの月間アクティブユーザー数（2019年7月時点で2,600万人）を大きく上回ります。

出典：https://note.jp/n/n705929417079

が一目でわかる仕組みになっています。バッジによって、書き続けるというモチベーションを後押ししてくれる役割も担っています。

noteで記事を書くモチベーションの1つが、読者からもらえる「スキ」ボタンです。もらえる「スキ」の数が多ければ多いほど、書き手の承認欲求は満たされます。また、記事を書いたからには、出来るだけ多くの人に読んでもらいたいと思うのが自然です。TwitterやFacebookなどのSNSで、自分が書いたnoteを紹介する投稿を見たことがある人もいるでしょう。記事の最後には、読者が簡単にnoteの記事をシェアできるSNSボタンも用意されています。こうしたSNSの投稿によって、noteの存在はまたたく間にユーザーに広まりました。書き手にとって、noteは自分が作品を発表するプラットフォームという意味以上に、自分が記事を投稿し、広めていくことでnoteを活性化する参加者であるという当事者意識が芽生えていきます。ユーザーに自然に参加者意識を感じさせるゲーミフィケーションが、noteのUXの特徴です。

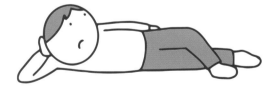

 調べてみよう

UXやUIと似た言葉にUD（ユニバーサルデザイン）があります。
UDについて調べてみましょう。

解答例：UDは「すべての人のためのデザイン」という意味で、文化・言語・国籍・年齢・性別・能力などの違いにかかわらず、できるだけ多くの人が利用できることを目指した建築・製品・情報などのデザインのことです。

UXはリアルを超えられるか

UXはデジタル技術を活用することで、リアルを超えるものを提供できるでしょうか。

図7-6　リアルを超えるUXはデジタルで可能となるか

コロナ禍を経験したことで、従来対面で開催されていたセミナーや講義もオンラインへの移行を余儀なくされました。オンラインでのセミナーといえば、Zoomや Teamsを介して、プレゼンターがカメラ映像とプレゼン資料を切り替えながら行うことが一般的です。一方オンデマンドの講義では、あらかじめ講師がパソコン上でプレゼンしたものを画面収録し、オンライン上で限定配信することで共有しています。この方式では、対面での講義やセミナーに比べて、情報の伝わり方や出席者の理解度が劣る場合が少なくありません。対面ではスライドに加え、講師の顔や体が見えるため、身振り手振りなども含めて出席者に伝わる情報が多く、リアルタイムでのコミュニケーションもスムーズだからです。これまでのオンラインセミナーや講義は、あくまでリアルを代替するための手段でした。

しかし、オンラインセミナーや講義が「mmhmm（んーふー）」（https://www.mmhmm. app/jp/）の登場で劇的に変わりつつあります。

図7-7　mmhmmによってデジタルがリアルを超える

MEMO

ZoomはZoomビデオコミュニケーションズが提供するWeb会議サービス、Microsoft TeamsはMicrosoft社が提供するコラボレーションプラットフォームです。どちらのサービスも多くのオンライン会議やセミナーで使用されています。

動画コンテンツを作成する場合、動画の見やすさが重要となります。対面のセミナーと同様、スライドだけでなく、人物が一緒に写っていたほうが見やすく、情報が伝わりやすいことが多いでしょう。私たちは会話をするとき、または講義やセミナーを聴くとき、言葉だけでなく、相手の表情やジェスチャー、会話の間からも情報を得ています。そもそも、言葉だけで講義が完結するのであれば、教科書を読むことで事足りるはずです。なぜ対面形式で講義やセミナーを行っていたのか、その鍵は「対面で得られる言外の情報」でした。

こうした情報の不足を埋めるため、コロナ禍での講義やセミナーは、多くの場合オンラインに移行してきたのでした。ただし、動画を作成しようとすると、制作側には

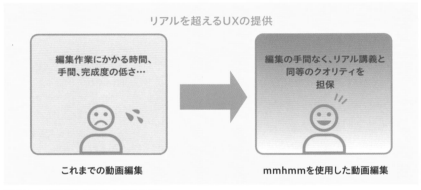

図7-8　編集不要でリアルを超えるUX

図7-9　mmhmmによって作成された動画画面（画像提供：mmhmm）

編集作業という多大な負担がかかります。クオリティを重視して外部の業者に委託するとなると、費用もかかってしまいます。そうしたつくり手の手間やコストを一気に減らしてくれるのがmmhmmです。mmhmmを使うことで動画編集にかかっていた時間をほぼゼロにすることもできます。

また、mmhmmには、このツールでしかできない強みがあります。

たとえば、自分の姿を画面上で自由に動かし、ポインタのように小さく表示して、今、ここを話しているという表示をリアルタイムで行うことができるのです。リアルのセミナー会場や大学での生講義はいわば無編集です。mmhmmは生の講義のよさをそのまま活かしつつ、その場で編集も同時にできます。視聴者にとってのわかりやすさと利便性という点で、mmhmmのUXはリアルを超える可能性があります。

UX向上を目指す際におさえておきたいポイント

世界観は企業の目指す方向性とビジョンを示して、顧客とともに目指していくものです。それに対してUXは、企業と顧客、1つ1つの接点すべてに関わってきます。UXを向上させるポイントは、そのサービスが快適なものであるか、楽しい気持ちにさせるものであるかということです。それらを改善させていくことが、そのサービスの使いやすさ、引いてはUXの向上につながっていきます。ここまで見てきたように、非言語化された操作性、リアルとデジタルのスムーズな連携、ユーザーへの新たな気付きの提供、当事者意識をもたせるという4つのポイントは、UX向上を見直す上で、大きな手掛かりとなります。

自社の製品やサービスのUXを改善する際に、これらのポイントを1つ1つクリアすることを心がけましょう。

ちょっと深堀り

学生1

今回はmmhmmが気になりました。

先生

これまでの動画づくりは編集ソフトの使い方を1から学ぶ必要があったからハードルが高かった。 mmhmmの優れたところは、編集の手間を減らして、コンテンツを考えるほうに集中できるところだね。

学生1

大学の講義は対面の授業の方がよいと思っていたのですが、mmhmmのようなツールが導入されれば、それも変わってくるかもしれませんね。

先生

そうだね。mmhmmはZoom上でも動かせるから、主に大人数向けの講義動画などで活用されると、よりわかりやすくなりそうだ。

学生1

たしかに、パソコン上でスライドの録画を見るだけより、先生の顔が見えた方が、強調されているポイントなどもわかりやすいですよね。

先生

mmhmmはまだはじまって間もないサービスなので、今後はますます使いやすくなりそうだね。

学生2

私はチームラボボーダレスに行ったことあるので、その時のことを思い出しながら読んでいました。

先生

双方向性が体験できる施設だね。

学生2

描いたお魚が泳ぎ出す作品ゾーンがあって、子供たちが紙に思い思いに描いた魚の絵を、会場に設置された備え付けのスキャナで読み込んでいたんです。

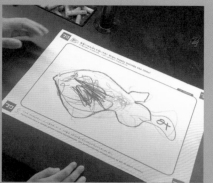

図7-10　思い思いに描かれた魚の絵

図7-11　唯一無二のコラボレーション

それが、壁に投影された海の中で泳ぎだすんです。魚を触ろうとすると、勢いよく逃げるんですよ。すごかったです。

teamLab Borderless, Tokyo © teamLab

他の子が描いた絵とのコラボレーションとして考えると、その時その瞬間にしか体験できない展示方法をしているわけだ。体験がまったく同じになることはないから、何度でも行きたくなる。デジタルとリアルが相互にうまく作用している唯一無二の体験ができる施設だね。

先生

読んでみよう

『アフターデジタル2 UXと自由』藤井保文 著　日経BP

『ノンデザイナーでもわかる UX＋理論で作るWebデザイン』

川合俊輔 大本あかね 著 菊池崇 監修　マイナビ出版

復習クイズ

Q1 UXとは、ユーザーエクスペリエンス（User Experience）のことで、ユーザーが製品やサービスを通じて体験する（　　　　　）を意味します。

Q2 UIとはユーザーインターフェイス（User Interface）の略語です。UIとは特に機器と利用者とのインターフェイス（接点）のことで、機器を通じて情報をやりとりするときの（　　　　　）のことをいいます。

Q3 Googleマイビジネスとは、（　　　　　）やGoogleマップへ、ローカルビジネス情報を表示して、管理できる無料のツールです。

A1.　一連の流れ

A2.　使いやすさ

A3.　Google 検索

本講では AISARE のリピートについて扱います。リピートとは、人々がモノを買い続けたり利用し続けることです。リピートを理解するため、まず私たちを取り巻くモノからコト、トキ、イミへと変化した一連の消費の変遷について学んでいきましょう。その後は、モノ・コト消費がデジタルと組み合わさった形、シェアリングエコノミーを取り上げます。

Society5.0

情緒的価値

第 **8** 講

DX

消費スタイルの変化と
シェアリングエコノミー

マーケティング
フレームワーク
AISARE

A　Attention

I　Interest

S　Search

A　Action

SDGs

Ⓡ　Repeat

E　Evangelist

- モノ→コト→トキ→イミへと変化する消費のスタイル
- 所有から共有へ
- シェアリングエコノミーの種類と特徴

AISA「R」E：リピートの基本と重要性

本講の主題はR（リピート）です。消費者が商品やサービスの購入をリピートすることと、その心理について説明していきます。前講まで、商品やサービスが購入されること（アクション）に焦点をあてて見てきました。ユーザーが次にたどる道は、その商品を使い続けるか、はたまた他のブランドに切り替えるかの二択になります。

消費者の心理としては、1度利用して満足した商品やサービスならば、そのまま同じものを2度、3度と購入（リピート）していきたいと思うものでしょう。「商品に満足したから」というポジティブな理由だけでなく、新たに別の商品を選びなおすというのは消費者にとって手間になるからです。

たとえば洗顔後に使用する乳液について、さまざまな情報を探し（サーチ）、特定のブランドを選定して1度目の購入（アクション）に至り、使ってみて満足したのであれば、当分の間同じ商品を購入（リピート）してみようと思うのではないでしょうか。消費者の立場からすると、あまたある乳液の中からまた同じ労力をかけて、どれを選ぶか、一から検討するのは多少なりとも労力がかかるものです。しかし当然ながら1度目の購入時に満足してもらえなければ、消費者は新たな商品を探す旅に出てしまうでしょう。企業として、消費者にリピーターになってもらうことは、ブランドを深く理解してもらうという観点からも、利益の確保という点からも大変重要となります。これがリピートの基本です。

私たちの消費スタイルは多様化しています。まずは時代の流れとともに、消費スタイルがどのように変わってきているかを見ていきましょう。

MEMO

新規顧客に販売するコストは、既存顧客に販売するコストの5倍かかるという「1：5の法則」が知られています。

消費スタイルの多様化：モノ→コト→トキ→イミ

図8-1 消費の変化

時代が進むにつれ、消費のスタイルは多様化してきています。「モノ消費」や「コト消費」という言葉を使って、変遷する消費スタイルを説明していきます。

モノ消費とコト消費

モノ消費とは、個別の製品やサービスの持つ機能的価値を消費することを意味します（※1）。「機能的価値」という点がポイントです。消費者が商品を所有したり、使用することに価値を見出す消費傾向を意味します。

コト消費とは、製品を購入して使用したり、単品の機能的なサービスを享受するだけでなく、個別の事象が連なった「一連の体験」を対象とした消費活動のことです（※2）。コト消費は、体験を得るための消費だという点がポイントです。

—

1990年代から2000年代にかけて、モノ消費からコト消費へのパラダイムシフトが起こりました。第1講のマーケティングの変遷でみてきたように、高度成長期にあたるマーケティング1.0の時代（1960年代まで）は、商品やサービスが質、量ともに十分ではなかったため、品質や機能的価値が重視された「モノ消費」の時代でした。その後、モノの製造技術レベルが上がったため、ブランドや商品の機能面における差異は小さくなってきました。バブル期にいたるマーケティング2.0（1980年代）の時代を経て、モノは飽和状態となったのです。

たとえばアパレルに目を向けてみると、多くの人々は着るものに困る状態から脱し、既に多くの服を持っていました。そうした消費者にさらなる物欲を刺激するためには、「機能面」を前面に押し出すだけでは難しい状態となりました。その結果、モ

※1
経済産業省「平成27年度 地域経済産業活性化対策調査報告書」p6より

https://www.meti.go.jp/committee/kenkyukai/chiiki/koto_shouhi/pdf/report_01_02.pdf

※2
経済産業省「平成27年度 地域経済産業活性化対策調査報告書」p7より

第8講　消費スタイルの変化とシェアリングエコノミー

ノ消費が行き着いたのは高級ブランド品という記号であり、新しい価値です。人々は数ある商品の中からブランド品という記号を身につけることで、精神的な差別化を求めるようになりました。

—

マーケティング3.0の時代（1990〜2000年代）に入ると、機能面やブランドの価値だけで人々の消費を促すのがいよいよ難しい状況となりました。消費者は何かを所有することより、モノを通して得られる感動や体験を求めるようになったからです。

この時代の特性として特筆すべきは、インターネット環境が一般的になったことがあります。一般的な消費者も、インターネットで検索すれば、必要とする情報にアクセスすることができ、人々は商品に対してより深い知識を持つようになりました。企業から与えられる一方的な情報だけでなく、品質のよいものを適切な価格で購入することを、自身で選択することができるようになったのです。

物質的な豊かさが十分に行き渡った結果、この先は消費者の精神的な満足度を重視することが重要となりました。本書で企業にとって世界観が重要となると、幾度となく繰り返し伝えているのは、このためです。世界観を消費者に提示して、その世界観を体験してもらい、満足度を高めてもらうことがモノ消費に続くコト消費では重要になります。モノを購入すること自体を目的とするのでなく、やりたいこと、実現したいコトのために、商品やサービスを購入するという流れがコト消費です。所有で完結するのでなく、それを購入して得られる一連の体験を消費することを意味します。

消費者がアクティビティを体験するとき、必ずしもモノが欲しいわけではないでしょう。たとえば、キャンプやカヤック、スキーやスノボといったアクティビティ（コト）を体験するためにモノが必要になるのであって、カヤック本体やスキー、スキー靴を購入することが目的なのではありません。使用頻度が低いモノであれば時間貸しのレンタルで済ませるという人もいるくらいです。消費者の意識はモノを持つことより、一連の体験（コト）から楽しい時間を過ごし、思い出をつくる方向にシフトしてきました。

また、消費者にモノの購入を促す場合であっても、モノではなくコトに力点をおいて訴求することが増えてきたのもこの時期です。

1996年「こどもといっしょにどこいこう」というコピーが印象的な、佐藤可士和氏によるホンダのCMがありました。車のCMでありながら、車のスペックに焦点をあ

てて売るのでなく、車に乗ってどんなコトをするのかにフォーカスがあてられています。これがモノ消費からコト消費への流れです。

トキ消費

その後、消費のスタイルはさらにコト消費からトキ消費へと変化してきました。トキ消費とは、「同じ志向を持つ人々と一緒に、その時、その場でしか味わえない盛り上がりを楽しむ消費」のことです（※3）。
体験や経験、思い出をつくるというトキ消費のベースにあるのはコト消費です。たとえば、リゾートホテルに泊まるという体験はコト消費に分類されます。行こうと思えばいつでも行けるからです。それに対して、サッカーのワールドカップやオリンピックといったスポーツイベントや、演劇や音楽ライブといったイベントは、その時、その場所でしか体験できないものです。こうしたものがトキ消費に分類されます。トキ消費には同じことを再現できない「非再現性」があり、そこに価値があります。

コト消費からトキ消費へと進化してきた背景に、SNSの普及があります。SNSでは人々が体験した「コト」の投稿であふれています。日常はコト消費にあふれ、コト消費自体の新鮮味は薄れています。たとえば、友人が投稿したシズル感のあるランチの写真は、満足度が高い食べ物であろうことはわかっても特別感は薄く、日常の1カットとして流れていきがちです。このような背景から、ありふれた「コト」から希少性のある特別な「トキ」へと消費が変化しているのです。

博報堂生活総合研究所では、「非再現性」「参加性」「貢献性」という3つの要素を「トキ消費」の特性として挙げています（※4）。

たとえば、
● サッカーのワールドカップで日本が勝利した時（非再現性）に、
● 渋谷のスクランブル交差点周辺に人々が集まり（参加性）、
● 知らない人とハイタッチ（盛り上がりへの貢献）をすることは、
典型的なトキ消費と言えるでしょう。

またクラウドファンディングもトキ消費に分類されます。1つ1つのプロジェクトはオリジナルで非再現性があり、消費者はそのストーリーに共感して参加し、支援金を出して貢献するという、トキ消費の3要素すべてを満たしています。

※3
参考：【キーワード解説】「トキ消費」―博報堂生活総合研究所　酒井崇匡

https://www.hakuhodo.co.jp/magazine/44780/

※4
参考：【キーワード解説】「トキ消費」―博報堂生活総合研究所　酒井崇匡

https://www.hakuhodo.co.jp/magazine/44780/

「トキ消費」を取り入れたビジネスの事例

トキ消費の事例として生配信のYouTubeライブがあります。

YouTube動画は、通常は編集した動画を公開するのが一般的です。しかし、チャンネル運営者は、時折生配信のYouTubeライブを行うことがあります。

たとえば、ある音楽系YouTuberが登録者数100万人を記念しておこなったYouTubeライブがあります。編集した動画の方が完成度が高いのに、なぜ生配信を行うのかといえば、消費者がトキ消費を求めていると考えると理解しやすいでしょう。YouTubeライブには、今まさにライブで生配信されているという「非再現性」と、ユーザーがリアルタイムで視聴してコメントを書き込めるという「参加性」、さらにスーパーチャットで投げ銭ができる「貢献性」があります。

このようなトキ消費の一体感は、企業側としてマーケティングに携わるのであれば、取り入れて施策を考えていくことも、重要なポイントです。

☑
MEMO

スーパーチャットで1度に1万円以上投げ銭をする視聴者も少なくありません。

イミ消費

近年、トキ消費という言葉とともにイミ消費という言葉を聞くようになりました。

イミ消費とは、「商品やサービスの持つ（社会的）価値に共鳴し、商品の購入を通じて自然環境へ貢献したり、地域活性化のためにサービスを利用したりする消費行動のこと」です（※5）。

たとえば、使い捨てされることの多いプラスチック製の袋ではなく、エコバッグを購入し、再利用することなどもイミ消費に当たります。

イミ消費が私たちの社会に共感をもって受け入れられる背景には、SDGsや社会貢献に対する関心の高まりがあります。特に2010年代以降の消費者の変化です。何かを購入するとき、どうせなら自然環境にやさしいもの、地域に貢献できるものを選択したいという意識の変化を感じている人も多いのではないでしょうか。

※5
ホットペッパーグルメ外食総研エヴァンジェリストの竹田クニ氏が提唱する概念

http://fin.miraiteiban.jp/imi-consumption/

食品ロスを救うイミ消費：TABETE

私たちの気付かないところで、日々さまざまな理由から、まだ食べられる食品が廃棄されています。

環境省によれば、日本では年間2,550万トンの食品廃棄物等が出されています。このうちまだ食べられるのに廃棄される食品、いわゆる「食品ロス」は2017年度の推計値によると612万トンもあります（※6）。食品ロスは現代において世界中で大きな問題となっています。日本でも「食品ロス削減推進法」が令和元年10月1日に施行されるなど、国としても取り組みをはじめています。図8-2「2017年度の

※6
出典：農林水産省「食品ロスとは」

https://www.maff.go.jp/j/shokusan/recycle/syoku_loss/161227_4.html

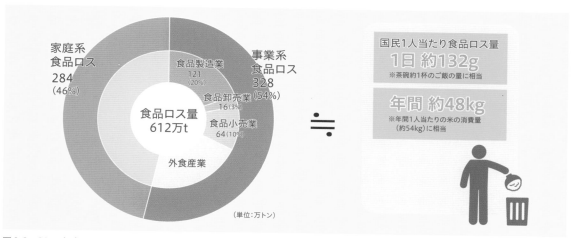

図8-2　2017年度の食料ロスについて
出典：農林水産省
　　　https://www.maff.go.jp/j/shokusan/recycle/syoku_loss/161227_4.html

食料ロスについて」を見ると、食品ロスのうち、約半分が家庭から出る家庭系食品ロスであることがわかります。この問題はすべての人が取り組むべき問題です。

食品ロスの原因の1つが、需要と供給のミスマッチです。レストランで仕入れすぎた食材や、売れ残ったお弁当など、今も多くの「まだ食べられる食品」が廃棄されています。

―

こうした食品ロスを削減することを目的とした「TABETE」というサービスがあります。

食品ロスが発生しそうな際、お店がTABETEで告知すると、ユーザーにアプリ上でお知らせが通知され、割安な金額で購入（レスキュー）できる仕組みとなっています。

図8-3　TABETEのアプリ画面

アプリで決済も完結できるため、お店で清算する必要もありません。

TABETEのメニュー画面には「レスキュー記録」というコンテンツがあります。この画面では、これまでにレスキューした食品の数や「総グラム数」、「削減した総CO2排出量」などがわかるようになっています。

レスキュー記録から、自分が食品ロス問題に対してどれくらい貢献できたのか、自分の貢献度がわかることで、TABETEを通じた消費行動は、社会的・文化的な価値に共感して消費する「イミ消費」となっています。

MEMO

UXとしてもすばらしい流れが提供できています。ゲーミフィケーションの要素を取り入れ、またレスキューしたいと思わせる仕組みが取り入れられています。

 調べてみよう

「Food Loss」と「Food Waste」という言葉の違いや「食品ロスの原因」、「なぜ食品ロスが問題なのか」といったことがTABETEのページにまとめられています。実際に読んで理解を深めましょう。

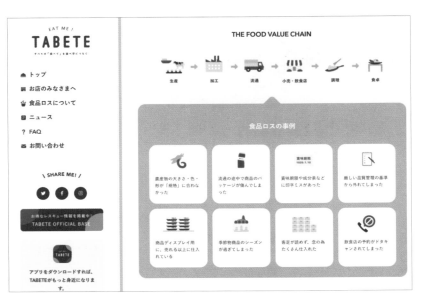

図8-4　TABETEの食品ロスについて
https://tabete.me/food-waste/

イミ消費としてのクラウドファンディング：READYFOR

もう一点、イミ消費の事例として、クラウドファンディングを見ていきましょう。

多くのクラウドファンディングサービスには、社会的な課題を解決するための「ソーシャルグッド」や「社会貢献」といったカテゴリがあります。

クラウドファンディングサービスのREADYFORでは、カテゴリ一覧のトップに「社会にいいこと」というカテゴリを表示しています。

READYFORで展開されるプロジェクトはさまざまです。たとえば、「こども食堂で食事を届ける」というプロジェクトは、ネグレクトや貧困など、家庭環境が原因で食事を満足に摂れない子供たちがいるという社会的な課題を解決するべく立ち上げられています。支援する金額も少額から高額まで自由に選べます。

READYFORでは他にもアートやスポーツのイベント開催を企画するプロジェクトや、国際協力や医療、福祉に協力するためのプロジェクトなどが公開されています。

READYFORにWebサイトに掲載されている言葉は、「いまより一歩、好きなほうの未来へ」。この言葉からも自分の目指す社会という世界像について、ふさわしいものを選んで支援するイミ消費の条件を満たしていることがわかります。

MEMO

クラウドファンディングでは、商品を先着や大幅割引で買える市場テストというマーケティングの性質がある商品もあります。

図8-5　READYFORのプロジェクト画面
https://readyfor.jp/projects/kodomoshokudo-fund

また、プロジェクトを立ち上げた企業にとっては、社会的な課題を解決するアイデアをクラウドファンディングに上げることで、多くの消費者にプロジェクトを知ってもらう機会がつくれます。これにより認知度があがるだけでなく、社会問題に対して、企業としてどのような姿勢を取っているかを人々に深く理解してもらうことにつながります。プロジェクトをきっかけに企業のファンが増え、支援の輪がひろがっていくことも期待できるでしょう。

トキ消費とイミ消費

トキ消費とイミ消費に共通する重要な概念があります。それは「共有」です。トキ消費は他の参加者と同じ時間を共有し、イミ消費はたとえば社会貢献のプロジェクトを他の参加者と共有します。

企業が消費者へ一方的に商品やサービスを売るのではなく、消費者とトキやイミを共有し、消費者にとって参加や貢献が実感できるような施策を打ち出していくことが、マーケティングを成功させるポイントとなります。

変化するモノ消費とコト消費

消費のスタイルはモノからコト、トキ、イミへと多様化してきましたが、モノ消費とコト消費自体が消えてなくなるわけではありません。

ただしそのスタイルも、デジタルの台頭によって変化しつつあります。そのキーワードとなるのはトキ消費やイミ消費と同様に「共有」です。モノ消費とコト消費の変化について、シェアリングエコノミーとともに見ていきましょう。

ある家族の話

私の家は駅から徒歩15分の一軒家でした。駐車場があり、車を所有していました。数年前、その家を売って駅近のマンションに引っ越したのです。その時に車も手放してしまいましたが、マンションの駐車場にカーシェアリングがあるので、特に不便は感じていません。もともと父はサラリーマンで電車通勤をしており、車は休日にしか乗りませんでした。今は駅が近くなって通勤が楽になり、車の維持費も安くなって身軽になったと言っています。

MEMO

マズローの5段階欲求説でいえば、クラウドファンディングは最上段の「自己実現の欲求」を満たすことができます。プロジェクトを立ち上げた人はもちろん、それを支援する側も自分の目指す世界観を実現する一助となれるのです。

なぜ共有が鍵となるか

モノ消費が共有の流れに変わった本質的な要因の1つは、スマートフォンによるデジタル化でコミュニケーションが円滑になったことです。デジタル化以前、モノをシェアするにはコミュニケーションコストがかかりました。

たとえば自家用車を乗らない時間に他の人に車を貸し出そうと思っても、そもそもどのような手段で借り手を探したらよいかわかりません。たとえ見つかったとしても、電話やメールなどで逐次連絡を取るというようなコミュニケーションに時間をかけるのは現実的ではないでしょう。こうしたコストにより、これまで個人の資産というのは寝かされたままになっていたものがほとんどでした。

しかし近年、スマートフォンのアプリを活用することで、モノを共有することが簡単になりました。車や家をシェアするサービスも複数立ち上がり、人々の意識の中でも、モノをシェアリングすることが身近になっています。

高額なため購入することを躊躇するようなモノでも、シェアリングサービスを利用すれば、少ない費用で借りることが気軽にできます。

また、場所の問題が解決できることも大きいでしょう。置き場がなくて購入を躊躇するようなモノの場合、シェアリングを利用すればその心配はいりません。気軽にシェアリングサービスを利用することで、人々はモノを持つことから解放され、その先の目的（コト）を達成することに力点を移せるようになりました。

コト消費を後押しするシェアリングエコノミー

シェアリングエコノミーとは、企業や個人が所有するモノや場所などの資産を主にWebを通して他の人と共有・交換する仕組みのことです。

シェアリングエコノミーの種類

モノ　　移動手段　　スキル　　資金

シェアリングエコノミーには、場所の他にも
モノ、移動手段、スキル、手段がある

図8-6　シェアリングエコノミーの分類

MEMO

モノのシェアリングはメルカリやラクマ、場所のシェアリングはスペースマーケットやAirbnb、移動手段のシェアリングはタイムズカーシェアやバンシェア、スキルのシェアリングはストアカやココナラ、資金のシェアリングはREADYFORやCamp fireなど、さまざまなシェアリングサービスがあります。

シェアリングエコノミーはモノ、場所、移動手段、スキル、資金の5つに分けられます。

別荘への宿泊や自家用車での移動など、これまでモノを所有しない限り、実現しにくかったことが、シェアリングエコノミーによって気軽にできるようになりました。シェアリングエコノミーによって体験という、コト消費の幅が広がっています。

バンシェアのCarstay

バンシェアというサービスがあります。キャンピングカーや車中泊ができるバンなど、特殊な車に乗りたいドライバーと、車を使わないときにシェアしたいホルダー（カーオーナー）をつなぐカーシェアのサービスです。

バンシェアには初心者向けに運転しやすい軽ワゴン型や、バンタイプの車中泊仕様車、キャンピングカー、ペットを乗せられる車まで、さまざまな種類の車が登録されています。家族や友人との特別な休日を過ごしたいときに役立つサービスです。

キャンピングカーで旅行するという体験を重視したいのであれば、何度使用するかわからない車中泊仕様の車の購入を考えるより、誰かの車を借りるほうが手軽に実現できます。デジタル技術の普及によって、誰かと何かを共有するということがスムーズになりました。

図8-7　Carstay Web サイト
https://carstay.jp/ja

このように所有しないこと、持たないことでコストが削減できて、選択の自由が高まるというのは車だけに限りません。

別荘もかつては所有するものでしたが、現在はAirbnbというサービスがあります。Airbnbを活用すれば、さまざまな物件を数日単位で借りることができます。擬似的に自分の別荘が日本中、世界中いたるところにあるようなものです。宿泊費用はかかりますが、固定資産税も維持費もかかりません。天災などが起きた際の被害などを気に掛ける必要もなく、コストを削減して必要なときにだけ借りることができるのがシェアリングエコノミーの特徴です。

別荘を所有している人の場合も、年間10日程しか利用していないのであれば、残りの355日はその資産はただ寝かせていることになってしまいます。所有者はAirbnbを介することで遊休資産を運用することができます。Airbnbやバンシェアといったシェアリングエコノミーは、所有者が比較的簡単に資産を運用できるという点も特徴です。

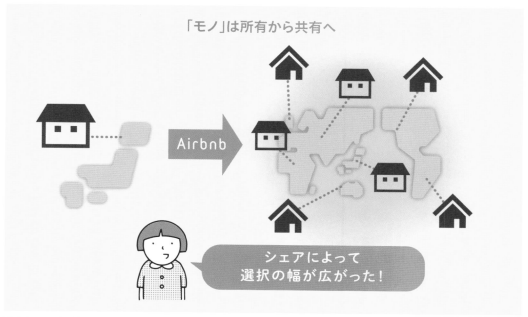

図8-8　モノも所有からシェアへ

消費の未来

モノ　　　　　　　コト

トキ　　　　　　　イミ　　　　　そして人へ

消費の未来は人と愛着がキーになる

第8講では消費スタイルの変化について見てきました。筆者はこの先、消費のスタイルは「ヒト」へ向いていくと考えています。デジタル技術の発展によって、ここまで見てきたトキやイミだけでなく、つながり、コミュニティといったものへもアクセスも容易になってきているからです。「ヒト」へ向かう消費スタイルとは、個人がこれまで以上に影響力を発揮できる社会になるということです。これは、SNSでの情報発信による個人の台頭と無縁ではありません。

たとえばInstagramに投稿していくうちに、フォロワーがついて人気のアカウントになることがあります。フォロワーは、情報発信者の投稿に親しんでいくなかで、投稿者のライフスタイルに多少なりとも影響を受けるようになります。

YouTubeチャンネルでも同様の影響力があります。アカウントによっては、さらにLINE公式アカウントや、メールマガジンも組み合わせて情報を提供し、オンラインコミュニティを形成することがあります。旧来の有名人のファンクラブのようなものですが、現在では、個人が気軽に立ち上げることができるのです。

この意味では、「トキ消費」で紹介したYouTuberへのスーパーチャットもヒトに向かう消費に含まれます。違いは、トキ消費では、「トキ」を合わせることで盛り上がったり楽しみますが、ヒトへ向かう消費は、コミュニティをベースとしており、比較的中長期のつながりへと発展することがあることです。つながり、コミュニティというテーマは第11講で紹介します。

第1講では時代の流れをマーケティングの変化を通して確認し、今回は消費の変化に焦点をあてながら見ていきました。第1講でこれからの時代のマーケティングに必要な要素として、SDGsに代表される環境問題を取り上げましたが、これはイミ消費と関連性が深いことがわかったと思います。ここまで読みすすめてきた方であれば、消費者の意識の変化がマーケティングの変化に大きな影響を及ぼしていることがわかるでしょう。このように物事を多面的に観察することが、マーケティングの理解を深めるために必要です。

これからも消費は変化し続けます。時代の流れから、消費スタイルの変化を想定していけるよう、常にアンテナを張って物事を観察していきましょう。

レンタルとシェアリングの違いはなんでしょうか。

考えてみよう

シェアリングエコノミーはスマートフォンやパソコンのアプリを通して、主に個人間で取引されます。また、基本的には別荘や車などの遊休資産や自分のスキルをシェアすることが多いシェアリングエコノミーに対し、レンタルは企業が所有して、店舗やWebを通じて貸し出しする違いがあります。

ちょっと深堀り

学生1
イミ消費がとても印象的でした。 TABETEは捨てられてしまう食品をレスキューすることで食品ロスを減らせて一石二鳥ですね。

先生
そうだね。SDGsにも合致している。

学生1
早速TABETEのアプリに登録してみたのですが、パン屋さんやイタリアン、居酒屋まであるのはよいですね。いくつかお気に入り登録しました。通知が来るのが楽しみです。

先生
食品ロスを削減するというまじめな取り組みであるのに、同時に楽しみが得られるという意味では、ゲーミフィケーションを取り入れているともいえるね。手段は異なるけど、同じような取り組みを何十年も前にやった人がいたんだ。その人は航空会社に掛け合って、廃棄予定の機内食を施設の子供たちに供給してくれるようにした。誰だかわかるかな?

学生1
誰でしょう?

学生2
もしかしてマザー・テレサですか?

先生
正解! よく知っているね。

学生2
子供の頃に伝記を読んだので、マザー・テレサのそのエピソードは心に残っています。ノーベル平和賞も受賞したのですよね。

先生

詳しいね。

学生2

ちなみにインドで活躍した人ですが、生まれはインドではないということまで知っていますよ。

先生

えっ、そうなんだ？　たしかにインドはヒンドゥー教の人が多いから少し不思議に思っていたんだ。どこの出身なの？

学生2

現在の北マケドニア共和国（ギリシャの北隣）です。

先生

なるほど、それで修道会のミッションでインドへ来たというわけか。やはり、人生に意味やミッションを持っている人は強いんだね。

読んでみよう

『ニュータイプの時代』山口周 著　ダイヤモンド社

『評価経済社会』岡田斗司夫 著　ダイヤモンド社

復習クイズ

Q1 モノ消費とは、個別の製品やサービスの持つ（　　　）価値を消費することです。

Q2 コト消費とは、製品を購入して使用したり、単品の機能的なサービスを享受するのみでなく、個別の事象が連なった「一連の（　　）」を対象とした消費活動のことです。

Q3 トキ消費とは、同じ（　　）を持つ人々と一緒にその時、その場でしか味わえない盛り上がりを楽しむ消費のことです。

A1.　機能的

A2.　体験

A3.　志向

さまざまな分野でサブスクリプションサービスが増えています。企業からするとなかば自動的にリピート客が獲得でき、収益が安定して見込めるサブスクリプションは、顧客にとっても買い忘れを防げたり費用がお得になったりと、双方にメリットが多い仕組みと言えるでしょう。
第9講ではリピート性のある消費として、サブスクリプションを説明していきます。

Society5.0

情緒的価値

第9講

DX

さまざまな
サブスクリプション

マーケティング
フレームワーク
AISARE

SDGs

A　Attention

I　Interest

S　Search

A　Action

R　Repeat

E　Evangelist

■ サブスクリプションの市場
■ 新旧サブスクリプションの違い
■ 成功するサブスクリプションのポイント

AISA「R」E:盛況なサブスクリプション

サブスクリプションが活況を呈しています。

たとえば仕事をするときに使用するMicrosoft 365や有料版のZoom、プライベートで使うAmazonプライム、Netflix、Spotifyなどは、すべてサブスクリプションサービスです。

多くのサブスクリプションは定額で使い放題のサービスを展開しています。一度利用をはじめれば、自動更新されることが多く、自動的にリピートされる特徴があります。サブスクリプションは、AISAREのうちR（リピート）性のある消費です。

現代のサブスクリプションは、旧来からある定額サービスとは異なり、デジタルと組み合わせることでさまざまなバリエーションが生まれています。

企業と消費者双方にメリットがあるサブスクリプション

サブスクリプションサービスの市場規模

（百万円）

- 2019年度: 683,529
- 2020年度（予測）: 787,300
- 2021年度（予測）: 901,900
- 2022年度（予測）: 997,500
- 2023年度（予測）: 1,102,100
- 2024年度（予測）: 1,211,700

注1 エンドユーザー（消費者）支払額ベース
注2 市場規模は消費者向け（BtoC）とし、①衣料品・ファッションレンタル②外食サービス③生活関連サービス（家具・家電・日用雑貨・家事関連）④多拠点居住サービス（シェアハウスやマンスリー系賃貸住宅は対象外）⑤語学教育サービス（通信教育は対象外）⑥デジタルコンテンツ（月額定額利用の音楽と映像サービス）⑦定期宅配サービス（食品・化粧品類）の7市場の合計値
注3 2020年度以降は予測値

図9-1　サブスクリプションサービス国内市場規模推移（7市場計）
出典：株式会社矢野経済研究所「サブスクリプションサービス市場に関する調査（2020年）」
（2020年4月22日発表）

サブスクリプションサービスの国内市場規模は2019年度に約6,830億円でしたが、2024年度には約1兆2,110億円へ伸びると予測されています。5年で約2倍弱の伸びです。さまざまな分野でサブスクリプションのサービスが出現してきており、有望な市場です。なぜサブスクリプションがここまで増えているのでしょうか？

—

その理由は、従来、都度課金だったビジネスがデジタルと結びつくことで、サブスクリプションサービスへスムーズに転化できるようになったことにあります。

たとえば音楽や映画は、従来CDやDVDというパッケージで提供されていたため、消費者がサービスを享受するためには、その都度、購入したり借りたりする必要がありました。現在は音楽分野ならSpotify、映像分野ならNetflixなど、複数のサブスクリプションサービスが存在します。消費者にとって、欲しい時にすぐ契約して利用できる聴き放題や見放題のサービスは利便性が高く、デジタル環境の拡充とともに、サブスクリプションの各種サービスは広く受け入れられるようになってきました。

従来の定額制サービスと異なる新しいビジネスモデル

定期購読や定額制サービスなどの従来のサブスクリプションと新しいサブスクリプションとでは以下のような違いがあります。

■ **伝統的なサブスクリプションモデル**（定期購入取引モデル）
　定義：「定期的な購読、購入、利用が契約されたフロー型ビジネスモデル」

■ **新しいサブスクリプションモデル**（期限付きサービス利用モデル）
　定義：「契約に基づく一定の期間において、機能、品質、および価格が保証された
　　　　　サービスを経常的に利用するストック型ビジネスモデル」

出典：「サブスクリプションモデルの管理会計研究」谷守正行
　　　https://core.ac.uk/download/pdf/95072369.pdf

伝統的な定期購読や定額制サービスには、新聞や雑誌の定期購読、牛乳やダスキンの定期配達が該当します。それに対し、新しいサブスクリプションモデルでは、Amazonプライムや Hulu、Microsoft365が該当します。契約の期限内であれば、常に最新の機能、品質、価格が保証されたサービスが受けられ、利用期間に対して課金されるビジネスモデルです。ちなみに、上記定義の中に出てくる「フロー型」ビジネスとは、元々は「売り切り型」のビジネスのことを指します。新聞や雑誌は、1部ずつ購入することも可能だからです。また、「ストック型」ビジネスとは、利用期限付きで契約に応じたサービスを受けられるビジネスモデルのことを意味します。

—

新しいサブスクリプションモデルについて、具体例とともに詳しく見ていきましょう。日比谷花壇による「ハナノヒ」というサブスクリプションがあります。月6回まで一定額の切り花を持ち帰れるプランや、毎日切り花を1本店舗でピックアップできるプランなど、料金に応じてさまざまなプランを提供しています。

マーケターの仕事は、ただ単に消費者に花を売ることではありません。

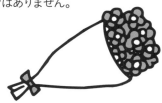

図9-2　ハナノヒWebサイト
https://shop.hana.com/

お祝いのプレゼントやお供え用など、花を購入する機会は人によってさまざまです。
中には、毎日自宅に花を飾るという人もいるかもしれませんが、日常的に花を飾る
生活に憧れつつ、プレゼントなど特別な目的がない限り、なかなか花屋に立ち寄る
機会がないと感じている人もいるでしょう。このサブスクリプションによって、ハナノ
ヒは花を消費者の身近な存在にすることに成功しています。

日常的に花を飾っていた消費者にとっては、お得に花を飾ることができ、また、普
段自分では買わない花を知るよいきっかけにもなります。サブスクリプションの登
録をきっかけに、花のある暮らしを始めてみようという新しい顧客にとっては、花屋
に足を運ぶきっかけそのものをつくり出してくれる仕組みと言えます。

消費者が欲しいのは所有そのものというよりも、花を飾るという心地よい利用体験
です。ハナノヒはサブスクリプションを通じて、消費者に花を買うことで得られる日
常の彩りと安らぎを提供しています。

また、このサブスクリプションは第一想起を獲得するという観点からも重要です。
花を売っているお店は専門店ばかりではありません。スーパーマーケットやコンビ
ニでも売っています。そんな中、日常的に立ち寄っている花屋があれば、お祝い事
などで花束を購入する際も、自然とそのお店にお願いすることが多くなるでしょう。
サブスクリプションを通じて、店と顧客の関係性がより強固なものになっていきます。

MEMO

第一想起とはあるカテゴリ
について、頭に思い浮かべ
た時に一番はじめに思い浮
かぶブランドのことです。

サブスクリプションビジネスに必要となる視点

チャーンレート

マーケティングにおいて、サブスクリプションで重要となる指標にチャーンレートがあります。チャーンレートとは解約率のことです。

たとえば、月初100人のユーザーがいたサービスで、月末時点に5人が解約していたら解約率（チャーンレート）は5%となります。

> チャーンレート（解約率）＝月間の合計解約ユーザー数 ÷月初のユーザー数

解約率はどれくらいであるのが望ましいでしょうか。

図9-3　チャーンレートが5%の場合の会員数の推移

もし新規の申し込みがない状態で5%のユーザーが解約していくと仮定すると、会員数は2か月後には90人、1年後には54人に減ってしまいます。たった1年でほぼ半分になってしまうのです。月間の解約率5%はかなり大きな数字であると言っていいでしょう。

したがって企業としては、いかにユーザーをつなぎとめられる良質なサービスを提供できるかが重要となります。サービスの内容にもよるため、あくまで目安の数値ではありますが、一般的にチャーンレートの目安は約3%程度と言われています。チャーンレートがこれ以上高くなってしまった場合は、サービスの見直しを検討するのがよいでしょう。ユーザーのフィードバックを受け止め、コンテンツの拡充やUI、UXの改善を日々行っていくことが求められます。

中にはチャーンレートを低くするために、ユーザーが簡単に解約に至らないようUIをわざとわかりにくくするような企業もあるかもしれません。解約するためのページ

を見つけるために、Webサイトやアプリを隅々まで確認したことがあるという人もいるのではないでしょうか。しかし、世の中にはその真逆のサービスを提供している企業もあります。

それがNetflixです。

Netflixの場合、契約してから1年間何も観ていない人などには自動的に通知を送り、サブスクリプションを継続する意思がない場合には自動解除してくれる方式を採用しています。一見すると、Netflixが自ら解約率を上げて、企業としての収益を落としてしまうようにも見えるかもしれません。もちろん目先の利益を優先するのであれば、サービスを解除せず、そのまま契約してもらっていたほうがよいでしょう。しかしNetflixは、ユーザーから企業への信頼という無形の財産を獲得することに重きを置いています。ユーザーからすれば、利用していないサービスの契約を自動的に解除してくれる企業のほうが、安心して契約できるため、長期的な目線で見れば企業に対するユーザーからの信頼を勝ち取れるよい方法です。

MEMO

Netflixは世界で2億人以上のユーザーを抱えています（2021年1月現在）。動画のサブスクリプションサービスは他にもありますが、Netflixはオリジナルコンテンツを充実させることで他社サービスと差別化をはかり、会員数を順調に伸ばしてきました。

考えてみよう

チャーンレート（解約率）が低いサブスクリプションを考えてみましょう。

解答例　チャーンレートが低いサブスクリプションとして、業界で事実上の標準となっているインフラのようなサービスが挙げられます。

たとえばAdobeのPhotoshopやIllustratorはデザイン業界で標準のツールとして使用されています。過去には売り切り型のパッケージ版でしたが、2012年にサブスクリプションに移行しました。新たにAdobeのソフトウエアを利用するには、Adobe Creative Cloudというサブスクリプションに入る必要があります。これに加入すればいつでも最新のバージョンが利用できるため、サブスクリプション移行後も、利便性の高さから多くのユーザーに受け入れられています。

最新のバージョンをいつでも使用できるということは、デザイン会社のようなヘビーユーザーからすれば歓迎すべき状況です。これまでのようにバージョンを気にする必要がなく、費用も定額のため長期的にかかる費用も簡単に予測できます。

Adobe Creative Cloudの他に、WordやExcelなどを使用するために使うMicrosoft 365もビジネスでは事実上の標準となっているため、チャーンレートが低いサブスクリプションです。

Amazonの戦略

Netflixが映像に特化しているのに対し、Amazonプライムはデジタル分野のサブスクリプションの総合版サービスです。月額500円、または年額4,900円（※1）のAmazonプライムに加入すれば、お急ぎ便（またはお届け日時指定便）などの配送特典を無料で何度でも利用できるだけでなく、対象作品が見放題のPrime Video、音楽200万曲が聴き放題のPrime Music、対象のKindle本が読み放題のPrime Readingを使用でき、さらにプライム会員ならAmazon Photosに写真を圧縮せず無制限で保存することもできるのです。

※1
2021年2月時点

デジタル分野のさまざまなサブスクリプションを利用できる他、配送に関するベネフィットも受けられるAmazonプライムは、付加価値が高い割に費用が抑えられたサービスです。まだ、デジタルのサブスクリプションがそこまで一般的でなかった2000年代でも、Amazonプライムの存在は知っていたという人もいるのではないでしょうか。当初、配送サービスにまつわる特典を打ち出していたAmazonプライムは、前述の通り、さまざまなデジタル配信の特典を追加して、唯一無二のサブス

図9-4　AmazonプライムのWebサイト
https://www.amazon.co.jp/amazonprime

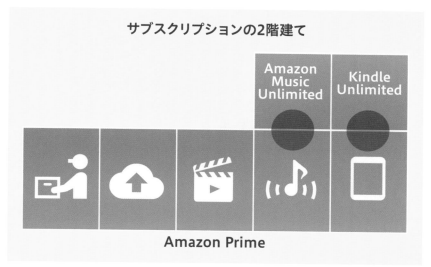

図9-5 Amazonのサービスはサブスクリプションの2階建て構造になっている

クリプションサービスとして成長していきました。また、総合型として、幅広いデジタル分野のサブスクリプションを提供している一方で、追加料金を支払うことで楽しめるコンテンツ数を増やすこともできます。Amazonプライムという総合版サービスと、特化型サブスクリプションサービスの2階建て構造をつくり上げているのです。

聴き放題の対象曲が200万曲のPrime Musicに比べ、Amazon Music Unlimitedでは、7,000万曲以上が聴けたり、ミュージックビデオを視聴することもできます。Prime Readingも同様です。新刊や、特定の書籍が読みたい場合、Prime Readingだけでは物足りないと感じることもあるでしょう。プライムで配信するコンテンツの調整を行い、より深化型のUnlimitedに誘う、これが「サブスクリプション2階建て構造」です。

この2階建て構造は、プライムに加入したユーザーに、お試しとしておまけのサービスをバンドルし、ユーザーをUnlimitedの契約につなげる優れたサービス構成になっています。Amazonプライムの会員は、要望にあわせて多様なオプションの選択肢を利用できるようになっているのです。

商材は同じでも、ユニークな発想で異なる形態のサブスクリプションを提供しているサービスがあります。メチャカリとairCloset（エアークローゼット）です。

メチャカリはアプリ上で好きな服を選んで送ってもらうサービスです。数多くのブランドと提携していて、ユーザーのもとには新品が送られてきます。着用後はクリーニング不要で送り返せる手軽さが特徴です。気に入った服は割引価格で買い取ることもできます。

airClosetで取り扱う服は必ずしも新品とは限りません。その代わり、スタイリストがセレクトした服が届くという付加価値を加えています。自分では選ばない、新しい出会いが生まれる可能性もあります。

同じ洋服のサブスクリプションでも切り口が異なるだけで、まったく様相のちがうサービスを提供できるということがわかります。

airClosetはシェアリングの要素が入ったサブスクリプションとも言えます。一度着用した洋服がクリーニングされて、また他の人にシェアされていくというように商品が循環していくからです。

—

第9講では、AISAREのR（リピート）としてのサブスクリプションを見てきました。現代の新しいサブスクリプションでは、デジタルが要になります。利用をはじめるのも終了するのも、多くの場合、スマートフォン1台で可能です。そのため企業は、チ

図9-6　メチャカリ Web サイト
https://mechakari.com/

図9-7　airCloset Web サイト
https://www.air-closet.com/

ャーンレートを指標にして、ユーザー数の遷移をしっかり見ていく必要があります。

サブスクリプションが一般に受け入れられたことで、現在、都度販売しているような商品でもサブスクリプション化できる可能性はあります。その際に、重要なポイントは、企業視点で発想するのではなくて、顧客の視点を取り入れることです。

たとえば、導入費用が1,000万円を超えるような工作機器を製造販売しているようなBtoB企業の場合、顧客である企業は工作機器の導入をするときに、時間をかけて慎重に検討していくものです。そこで「工作機器を販売する」というビジネスモデルから、「顧客企業が工作機械で製品をつくるサービスを提供する」というビジネスモデルへと転換します。そして、保守も含めたサブスクリプションへと移行するのです。すると、顧客企業はこれまで大きな金額になっていた初期費用を抑えられるため、導入するメリットが出てきます。また、サービス利用中に不具合が出た場合にも、修理を含めてサブスクリプションサービスならではの対応が期待できます。

逆に、サービスを提供する企業側も、売り切りではなく、サブスクリプションとなることで、顧客企業の機器の使用データを分析して、より顧客企業が機器を効果的に活用するためのレポートや、コンサルテーションを提供するという、これまで手掛けてこなかったサービスも担うことができるようになる場合もあります。

このような場合には、サービスを提供する企業も受ける企業もお互いにWin-Winの関係となります。自社が提供している商品の利便性など、新たな視点から分析し、今の事業モデルをサブスクリプションモデルに転換できるか検討してみましょう。

第9講はサブスクリプションを取り扱ってきたけど、使ってみたいと思うサービスはある？

先生

学生1

はい。私はまだ食べ盛りなので、ラーメンのサブスクリプションが気になっています。いつも入ろうか迷っては、やっぱりそんなに食べられないかもと日和ってしまい、踏みとどまっているところです。

そうだね。月額利用料が8,000円程度と考えると、月間10回以上はコンスタントに利用しないと、サブスクリプションに入っている意味が薄いものね。

先生

学生1

はい。1日3食のうち1食がラーメンだと考えると嬉しい反面、そのラーメン屋だけで使うとなると、いくら好きでもなかなか。ラーメンは種類が豊富なので1店舗だけでなく、さまざまなお店で使えるランチのサブスクリプションがあるといいと思いました。

ランチのサブスクリプションはいくつか出てきているね。

先生

学生2

もし、先生も利用するようなおすすめサブスクリプションがあれば教えて下さい。

君たち学生はあまり利用しないかもしれないけれど、コワーキングスペースのサブスクリプションもあるよ。

先生

学生1

どのようなサブスクリプションなんですか？

企業の営業職など、外出先で仕事をしたいビジネスマンっているよね。外出先のカフェでは、なかなかパソコンを使いづらいというときに、簡易的に自分の仕事空間を借りられるサービスなんだ。プリンタやモニタの貸し出しをしているところもあって、定額制のサブスクリプションだととても便利だよ。

先生

学生2

さまざまなサブスクリプションがあるのですね。私も気になったサブスクリプションは、実際に契約して体験していきたいと思います。

読んでみよう

『サブスクリプション』 ティエン・ツォ　ゲイブ・ワイザート 他 著　ダイヤモンド社

『サブスクリプションモデルの管理会計研究』

谷守正行 著（https://core.ac.uk/download/pdf/95072369.pdf）

復習クイズ

Q1 伝統的なサブスクリプションモデルとは、定期的な（　　）、購入、利用が契約されたフロー型ビジネスモデルのことです。

Q2 新しいサブスクリプションモデルは、契約に基づく一定の（　　）において、機能、品質、および価格が保証されたサービスを経常的に利用するストック型ビジネスモデルのことです。

Q3 チャーンレートとは、（　　）のことです。

A1.　購読

A2.　期間

A3.　解約率

第10講では世界観と価値観を伝道していくエヴァンジェリストにフォーカスをあてます。エヴァンジェリストとは製品やサービスを愛し、その情報を広めずにはいられない人のことです。また、ブランドの創業者（ファウンダー）や社員、スタッフも商品やサービスを広めるエヴァンジェリストの一員です。

ファウンダーが1人目のフォロワーを生み、それが消費者に伝播してエヴァンジェリストとなり、そのエヴァンジェリストがまた新しいアテンションを生む。AISAREの流れがようやく最終地点にたどり着こうとしています。

Society5.0

情緒的価値

第10講

DX

価値観の伝道とエヴァンジェリスト

マーケティング
フレームワーク
AISARE

SDGs

A	Attention
I	Interest
S	Search
A	Action
R	Repeat
E	Evangelist

AISAR「E」：終着点から生まれる新たなアテンション

さて、AISAREのA（アテンション）からはじまった旅も、ようやく終わりに近づいてきました。最後の到達点となるEはエヴァンジェリストですが、これは新たなアテンションを生む場所でもあります。

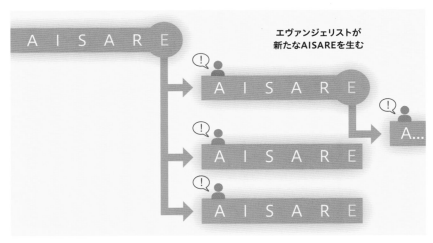

図10-1　EがさらなるAISAREを生む

第3講で紹介したように、アテンションは広告、SNS、ニュースなどによってもたらされるものと、知り合いによってもたらされるものがあります。

知り合いにすすめられたサービスを使ってみたところ、品質がよく、他の友人にまたそのサービスをすすめた…ということは誰にでも経験があるのではないでしょうか。これは好きが伝播するということです。人伝に感染していく「好き」という感情には強い影響力があります。

つまり、エヴァンジェリストが周囲の友人や家族にサービスを伝えていくことが、消費者との新たな接点を生むのです。AISAREの最後のEが、友人や知人にとっては新たなアテンションとなり、つながっていきます。このようにエヴァンジェリストに支持されるブランドでは、クチコミによって新たな顧客がもたらされます。

1:5の法則

1:5の法則（※1）というマーケティングにおける法則があります。新規顧客の獲得コストは既存顧客の維持コストの5倍かかるというものです。すべての業種・業界に当てはまるわけではありませんが、新規顧客を獲得するための広告だけに予算を投じるのではなく、既存の顧客を大切にするほうが企業ブランドが維持・発展する可能性が高いことを示唆しています（※2）。

エヴァンジェリストは良質な顧客であると同時に、企業と一緒に世界観を広めてくれる存在です。マーケティングの面からも、エヴァンジェリストを増やしていくことは大変重要です。

※1
1:5の法則は、コンサルティング企業 Bain & Company 社の名誉ディレクター、フレデリック・F・ライクヘルド氏が提唱しました。

※2
第9講でサブスクリプションのチャーンレートについて紹介しました。チャーンレートの観点からも、既存客を満足させることの重要度が高いことがわかります。フレデリック・F・ライクヘルドの著書『ロイヤルティ戦略論』（ダイヤモンド社）でも、「維持率が5％向上すると、利益率が25−100％向上する」という研究結果が紹介されています。

MEMO

エヴァンジェリストとどのように関わり、活かしていくかという点を、後ほどLambassador（ラムバサダー）の事例とともに紹介します。

エヴァンジェリストによって好きが伝播する

エヴァンジェリストとは？

エヴァンジェリストとは、特定のモノやサービスを好み、その情報についてまわりの人に拡散せずにはいられない人のことを言います。

たとえば、あなたがこの数年、習慣的にジョギングをしているとします。シューズが古くなったので、Nikeの厚底シューズに買い換えました。すると、シューズを変えただけで、これまで破れなかったタイムの壁を一気に乗り越えられたのです。あなたならその感動をどう伝えるでしょうか。SNSでシェアしたり、他のジョギング仲間に思わず話してしまうのは自然な流れだと思います。

一方で、エヴァンジェリストは、モノやサービスのよい面だけを伝える人ではありません。商品やブランドを熟知しているからこそ、改善点やそのブランドの至らない点も見えているという特性があります。たとえば、厚底シューズはタイムが出やすく、膝への負担が少ないというよい点を挙げる一方で、厚底ゆえに反発力が大きく、履きこなすには慣れが必要であるということも言及することを忘れません。さらにこうしたシューズは、タイムが一定以上の人に向けて開発されていること、万人向けの商品ではないということについても理解しているのです。エヴァンジェリストはブランドを盲目的に信じるイエスマンではなく、商品やサービスの特性をよく理解しているかしこい消費者といえます。

そのため、企業やブランドにとって、エヴァンジェリストは製品やサービスを改善するための重要なパートナーです。ときには、企業にとって耳の痛いことも指摘してくる存在ともなりますが、ブランドにとっては、それが改善の糸口となり、商品開発やサービスのクオリティを向上させることもあります。

エヴァンジェリストとマーケティング

商品の情報を拡散し、改善点などを指摘してくれるエヴァンジェリストはビジネスにとって心強いパートナーです。このエヴァンジェリストをマーケティングに活用する方法があります。対象となる商品やサービスのことを好きだと表明している人や団体と企業が一緒になって、ブランドの世界観を広めていく手法です。エヴァンジェリストと適切な関係をつくっていくことで、オーガニックにブランドが広まっていきます。

エヴァンジェリスト・マーケティングの一例として、オーストラリアの羊肉生産農家の団体が、オーストラリアの羊肉をエヴァンジェリストと一緒に日本に広めている事例を紹介します。

▎ オージーラムとエヴァンジェリスト

オーストラリアは、世界一の羊肉の輸出国です。日本にも羊肉を輸出しています。オージーラムのマーケティングを担うのが、オーストラリアの羊肉生産農家の団体、MLA豪州食肉家畜生産者事業団です。MLAでは、日本へのオージーラムの輸出拡大のために、オージーラムPR大使として2015年より「Lambassador（ラムバサダー）」を任命する方式を採用しています。Lambassadorとは、ラム（羊）と大使（アンバサダー）を組み合わせた造語で、羊肉食文化を広める民間大使のような位置づけです。

図10-2　LambassadorのWebサイト
http://aussielamb.jp/lambassador/

Lambassadorには、羊肉を扱うシェフやフードクリエーター、羊の消費者団体などが名を連ねています。そのLambassadorの1人に菊池一弘さんがいます。羊肉を好む消費者団体の羊齧協会（http://hitujikajiri.com/）の代表です。

羊齧協会は、羊肉を好む消費者の団体です。宴会を行ったり、「羊フェスタ」として中野セントラルパークで2日間で3万人もの人が集まるイベントなどを開催しています。羊齧協会は、羊肉を好む消費者が集まって結成された協会です。オージーラムだけを特別に推奨しているわけではありません。しかし、MLAにとってみれば、イベント動員においても消費者への影響力を持つ、羊齧協会のようなエヴァンジェリスト団体とともに協力することは、羊肉食文化を日本に広める上で力強いパートナーになります。

オージー・ラムの日本への輸出量は、2005年のジンギスカンブームの終焉とともにしばらく減少していましたが、2015年にLambassador Projectが発足し、エヴァンジェリストと一緒にマーケティング活動を展開していった結果、日本への輸出量が再度増えてきました。

エヴァンジェリストを活用するマーケティング

エヴァンジェリストをマーケティングに活用する際のポイントは以下の2点です。

● エヴァンジェリストをパートナーと捉える
● エヴァンジェリストから儲けよう・搾取しようと考えない

エヴァンジェリストは、企業の商品やサービスを市場にともに広めるパートナーです。エヴァンジェリストから直接利益をあげることを考えるのではなく、エヴァンジェリストに適切に情報を共有し、ブランドのことを正確に知ってもらう関係性を構築することが第一歩となります。
エヴァンジェリストに共有した情報は、彼らが持つ媒体（Webサイト、SNS、動画、リアルでのクチコミなど）を通して発信され、世の中に広まっていきます。
Lambassadorの事例でも見てきたとおりです。

また、エヴァンジェリストを生み出すために企業がすべきことは、機能的価値に加え、企業が一貫した世界観とストーリーを持って、その情報を発信していくことです。いくら共感されやすい世界観とストーリーがあろうと、情報が適切に発信されていなければ、他人に知られようがありません。
WebサイトやSNS、動画などを用いて企業の情報をコンスタントに露出することで、

それをきっかけにエヴァンジェリストが増える可能性が高まり、同時にメディアからの取材も増えていきます。このあとのさとう農園の事例にて詳述します。

エヴァンジェリストを育てる

すでに書いたとおり、エヴァンジェリストとは、特定の対象を好み、まわりの人にすすめずにはいられない人のことです。

エヴァンジェリストは何も外部の消費者に限定されるものではありません。企業と連携するエヴァンジェリストのほか、社内の広報的な立場を担う人が、社外へ情報を発信し、自社の商品やその市場を開拓していることもあります。たとえば、教育機関であれば、在学する生徒や学生がエヴァンジェリストになることもありえます。学校にとって、学生は顧客である一方で、内情を深く知る関係者です。その学校のよいところも改善すべきところも、学校に在籍する彼らが一番よく知っていると言えるでしょう。何より実体験に基づく情報は、受け手にとって信ぴょう性が高い、価値ある情報として判断される傾向があります。そんな仕組みをつくっている教育機関を紹介します。

大学と学生エヴァンジェリスト

戸板女子短期大学では、学生が主体となりInstagramやYouTubeチャンネルを通して、大学生活の実態やオープンキャンパス、学園祭などの情報を発信しています。

図10-3　バーチャルオープンキャンパス　https://www.youtube.com/user/toitafukusyoku

たとえばYouTubeの動画では、学生が主体的に関わった手づくり感のあるものも多く、学生1人1人が主役になっています。

戸板女子短期大学では、学内のエヴァンジェリストを活用した広報活動に力を入れています。少人数教育により、学生1人1人に丁寧な指導が行き届いていること、学生の就職活動に実績があることなどは、教育機関である大学にとっての「機能的価値」であり、重要な指標です。こうした大学の魅力や特色を、在学生でもあるエヴァンジェリストを介してうまく発信しています。

進学先を検討している高校生にとって、現役の大学生から発信される情報は、大学が発信している他の公式情報より、リアリティをもって受け入れられることでしょう。InstagramやYouTubeは、スマートフォンからいつでも気軽にアクセスできるため、志望者が日本中どこにいても、日々アップデートされる情報をリアルタイムに知ることができます。

このような地道な活動によって、実際、戸板女子短期大学の志願者は北海道から沖縄まで日本全国から集まっています。入学定員が全学科合計1学年400名という小規模校ながら、短期大学では異例の10年以上連続で志願者数が増加するといった結果につながっています。少子化が進み、多くの大学で定員割れが問題となっている中で快挙です。

ここまで見てきたように、エヴァンジェリストは外部の消費者に限らず、内部にいることもあるということがわかったと思います。さらに言えば、創業者や創業者の遺志を継承した経営者こそがエヴァンジェリストであることもあります。次にファウンダーがエヴァンジェリストである例について見ていきます。

創業者もエヴァンジェリストたりえる

図10-4　創業者は一番のエヴァンジェリストである

ブランドや組織には必ず立ち上げの時期があります。 Nikeのフィル・ナイトも
Appleのスティーブ・ジョブズも創業者 (ファウンダー) です。彼らは独自の世界観が
ある人として知られています。彼らの創業ストーリーは読み応えがあります。

創業者は、自らが1番目のエヴァンジェリストです。特に、世界観がしっかり構築さ
れている類のブランドの場合、彼ら自身が思い描く世界を多くの人に知らしめたい、
広めたいという想いのもとにブランドが起ち上げられたのだと考えれば、それは自
然なことです。ブランドの世界観を広めたいという想いにおいて、彼らを凌ぐ存在
はありません。
商品やサービスの消費者がエヴァンジェリストとなって情報を発信するときには、
商品の使用感や体験した感想を発信することが多いものですが、創業者が情報を
発信する際には商品の素晴らしさを伝えるだけでは足りません。世界観とストーリ
ーが感じられる情報を発信することがポイントです。なぜなら、アテンションやイン
タレストの講義でも見てきたように、消費者は、ブランドの世界観やストーリーに
惹かれることで、商品やサービスを特別なものと感じて愛着を持ち、好きになって
いくからです。

ここでは、「さとう農園」の事例とストーリーをケーススタディとして見ていきましょ
う。

世界観とストーリーの力「さとう農園」

山形にさとう農園というさといも専門店があります。初めは里芋の洗い加工を行っていましたが、2008年より自社栽培をスタートさせ、現在は「里芋の栽培、加工、販売」業を行っています。里芋をつくる農家は、日本全国にありますが、さとう農園には、数ある農家のなかで突出しているものがあります。それは、さとう農園の持つ世界観とストーリーです。

里芋農家であれば、里芋の美味しさや、食の安全を軸にPRするのが一般的でしょう。ただ、市場は競合で溢れています。さとう農園は、一切の農薬を使わない完全無農薬で里芋をつくっており、ベースとなる品質水準も高いものの、この場合、「機能的価値」は訴求ポイントではありません。

競合他社と差別化するポイントは、世界観とストーリーです。その世界観とストーリーをどのように表現したか、「畝とペルー」という点から紹介します。

| 1. 掲示できるブランドの世界観

さとう農園が掲げている世界観、価値観は、「まず自分が楽しいこと、世の中のためになること、生まれ育った山形と里芋を発信すること、そして世界が平和につながること」です。

有機無農薬による里芋づくりは、さとう農園にとって、仕事であると同時に、消費者に食を通して健康や楽しみを提供するものでもあります。

たとえば、毎年春に畑に種芋を植える時、「定植祭」と称して、子どもたちを呼んでファミリーが楽しめる会を催し、みんなで祝うイベントを行っています。「里芋を通じて地元に貢献する」、イベントからもさとう農園の目指す世界観が伝わってきます。

また、さとう農園には、畝を利用して描いた地上絵という、ユニークな試みがあります。これがさとう農園を、他にはない唯一無二の存在にしています。

この畝は、もともとさとう農園が里芋の自社栽培を始めたとき、土地を耕していた際に、どうしても取り除くことができなかった1つの岩がきっかけでした。その岩を避けるように、うずまき型に畝をつくったことが、その後、畝で地上絵を描くという、ユニークな取り組みに発展したのです。

図10-5　2020年、コロナウイルスの早期終息と世界中の人々の笑顔と健康を祈念した地上絵

> 山形の里芋畑にナスカの地上絵を描いた理由は、山形のおいしい里芋を世界中に発信
> するためです。そこには、これからの農業をもっと楽しく、もっと豊かにという想いも込め
> られています。
>
> 引用：さとう農園Webサイト「里芋地上絵畑 誕生物語」
> 　　　https://satou-nouen.co.jp/uzumaki/nazca-lines/

2. 語れるストーリーがある

ブランドには、ときおりユニークなストーリーがあります。さとう農園の場合、もし
里芋の畑でつくった地上絵になんのストーリーもなかったら、単なるインパクト勝
負で終わってしまっていたかもしれません。しかし、さとう農園の地上絵には、思わ
ず口コミで広げたくなるようなストーリーがあります。

さとう農園の人たちは、自分たちに与えられた土地にただ里芋を植えるだけでなく、大地への感謝を表現したいと考えました。そこで、畝を利用して壮大なナスカの地上絵を描くことにしたのです。地上絵をつくり上げたあと、さとう農園の代表、佐藤卓弥さんは、ナスカの地上絵について詳しく知るために、地元の山形大学にあるナスカ研究所の坂井正人教授へ会いに行きました。山形大学にはナスカ研究所があり、AIを駆使してこれまで142点のナスカの地上絵を新しく発見するなど、ペルーと深いつながりがあるのです。

そこで坂井教授から、約120年ほど前に、山形からペルーへと移民が渡っていったという事実とともに、その年にペルー山形県人会設立100周年の記念式典が開催されるということを聞きました。思いつきだったナスカの地上絵をきっかけに、地元とペルーの深いつながりが明らかになった瞬間でした。

坂井教授の紹介により、佐藤さんはナスカの地上絵の畑で収穫された里芋を携えて、山形のペルー移民の子孫たちが待つ100周年記念式典へ向かうことになったのです。

さとう農園は偶然に導かれるようにして、ペルー移民の子孫たちに山形県の風習である里芋を使った芋煮をつくることとなりました。畝を利用して地上絵を書いたことが、さとう農園のある山形とペルーの縁をたどる壮大なプロジェクトとなりました。奇しくも「生まれ育った山形と里芋を発信すること」という世界観を象徴する出来事となったのです。

里芋畑でつくられる地上絵は、さとう農園の毎年の風物詩となっています。

ここまで見てきたように、さとう農園のようなブランドには、確立された世界観と、WebサイトやYouTubeなど、消費者がいつでも触れることのできるメディア、そして人に話したくなるようなストーリーがあります。

このような活動を通じて、さとう農園ではテレビや新聞といったマスメディアにも取り上げられることが増えています。それと時を同じくして世界観やストーリーに共感する理解者や協力者も増え、新規の取引先や売上も増えてきました。

—

このように独自の世界観を持つ創業者が、自らエヴァンジェリストとして情報を発信することで、ブランドをより深く知ってもらう機会になります。ストーリーばかりが先行して中身がない商品では意味がありませんが、機能的価値が十分に高く、オリジナリティのあるストーリーがあると、その情緒的価値に消費者は惹かれていくのです。

MEMO

畝を利用した地上絵をつくる経緯をまとめた動画をさとう農園がYouTubeにアップロードしています。

https://www.youtube.com/watch?v=EVEy3H3if7k

MEMO

さとう農園は、第3講で扱ったプレスリリースも積極的に取り入れています。それをきっかけに、テレビ番組や新聞などのマスメディアからの取材依頼が多々あります。

調べてみよう

スティーブ・ジョブズのスピーチ

https://www.youtube.com/watch?v=UF8uR6Z6KLc

スティーブ・ジョブズが2005年、スタンフォード大学の卒業生向けにしたスピーチに次のような言葉が出てきます。

> You cannot connect the dots looking forward; you can only connect them looking backwards.
>
> 点と点は前もって計画してつながるものではなく、あとから振り返ってみてはじめて、つながっていることに気付くものだ

> Have the courage to follow your heart and intuition.
> 直感を信じる勇気を持ちなさい

スティーブ・ジョブズのスピーチや「人生万事塞翁が馬」という故事成語にもあるように、自分の人生の中で関係がないようなそれぞれの出来事が、あとから見るとつながっていたということがあります。
起業家やファウンダーの行動は、ある一点だけを切り取ると、論理的とは言えない行動をしているかのように見えることがあります。しかし、長いスパンで見ると、語れるストーリーとなってすべてが立体的につながってくることがあるのです。さとう農園の創業者が偶然はじめた畑の地上絵が、ペルー移民の子孫に繋がっていったことは、まさに世界観からぶれずに行動したことの結果だと言えます。

 考えてみよう

あなたがこれまで見聞きしたブランドの創業ストーリーで、好きな話を挙げてください。また、あなたがエヴァンジェリストといえるサービスや商品はありますか。

ちょっと深堀り

学生

エヴァンジェリストには、創業者をはじめとした中の人と消費者、どちらもなりえるのだということが、気になりました。

そうだね。なにか思い当たることはある？

先生

学生

ゼミでプロジェクトを始めるときにも、はじめに熱い思いを語る人、その人をフォローする人、アイデアにのっかる人に分かれると思いました。

ゼミだけでなく実際の社会もそうだね。創業経営者と話していると、奥さんが一番はじめのフォロワーだったという話を聞くことがあって、驚くことがあるよ。

先生

学生

表に出ないまでも、一緒に推進していくメンバーがあってこそ、広がっていくものなのですね。そしてこれからは人をしっかりと見抜いていく力も必要だと思いました。

人を見るというのは本当に難しいことだね。でも、これまでどれだけの人とプロジェクトをこなしてきたかが経験値になることは確かだと思う。ゼミのプロジェクトでも、協力するうちに人を見る目が養われてくるでしょう。

先生

学生

そうですね。たしかに口だけの人もいますし、逆にもくもくとタスクをこなす人もいます。

先生

その人を信じられるかどうかは、その人が言っているビジョンだけでなく、これまでやってきたことを見ることも忘れないように。実績もみておくとよいよ。

学生

学生だと実績と呼べるものがないようにも思うのですが、どうしたらよいでしょうか?

先生

仕事の実績がない人は、部活とか勉強のプロセスを見てもいいんじゃないかな。そして、儲かるよという理由で近づいてくる人はたいてい怪しい。

学生

そうですね。お金をエサに声を掛けられたら気をつけます(笑)。

読んでみよう

『ファンベース』 佐藤尚之 著　筑摩書房

『ロイヤルティ戦略論』 フレデリック・F・ライクヘルド 著　ダイヤモンド社

復習クイズ

Q1 （　　　　　　　　　）とは、特定の対象（モノやサービス）を好む人です。そして、自分の好きなモノやサービスについて、まわりの人にすすめずにはいられない人のことです。

Q2 1:5の法則は、新規顧客の獲得コストが（　　）顧客の維持コストの5倍かかるというものです。

Q3 企業が消費者エヴァンジェリストとともにマーケティング活動をおこなう際に、正しい選択肢を下記より1つ選びなさい。

　　A　エヴァンジェリストから儲けよう・搾取しようとすること
　　B　エヴァンジェリストをパートナーと捉えること
　　C　エヴァンジェリストとはなるべく関わらないようにすること

A1.　エヴァンジェリスト

A2.　既存

A3.　Bが正しい

第11講では、企業がエヴァンジェリスト
やコミュニティと関係性を持ちながら成果
を上げるポイントについて紹介します。
成否を分けるポイントは、顧客との関係性
において「中くらいのつながり」を持つこ
とができているかどうかです。一度「中く
らいのつながり」ができると、そこからエ
ヴァンジェリストを介してビジネスが拡
散・発展していくことが多くみられます。

Society5.0

情緒的価値

第11講

DX

つながりと
コミュニティマーケティング

マーケティング
フレームワーク
AISARE

A	Attention
I	Interest
S	Search
A	Action
R	Repeat
E	Evangelist

SDGs

AISAR「E」：さまざまなつながり

第10講では、AISAREのE、エヴァンジェリストについて詳細をみてきました。第11講では、さらに一歩進めて「つながり」をテーマに、企業がエヴァンジェリストを擁するコミュニティと関係性を持ちながら、成果をあげるポイントについて紹介します。ここでいう「成果をあげる」とは、マーケティングが成功する（売れる仕組みができる）ことです。成否を分けるポイントは、消費者との関係性という点において「中くらいのつながり」を持つことができているかどうかです。

なぜなら現代のマーケティングは、顧客の自己実現を助けることが重要な指標の1つとなるからです。中くらいのつながりによって、顧客の自己実現を助けるとはどういうことか、この講で見ていきましょう。

エヴァンジェリストを擁するコミュニティとつながり

エヴァンジェリストを擁するコミュニティとつながりについて学んでいきます。まず、つながりとコミュニティについて概念をおさえたあとで、良質なエヴァンジェリストのいるコミュニティの特徴について見ていきましょう。

つながりの欲求

『デジタル・ディスラプション』（ジェイムズ・マキヴェイ著、プレシ南日子訳、実業之日本社）によれば、つながりの欲求とは、「相互に安全をもたらす、ほかの人々とのつながりを求める意識的欲求だ。つながりは複数レベルで、接触、会話、経験の共有など、人と人との間のさまざまな作用を通して達成される」（p120）だと言います。

このつながりを拙著『デジタルマーケティング集中講義』では、つながりの層をあらわす「レイヤー」と、つながりの濃淡を示す「グラデーション」という2つの視点で紹介しました。

「レイヤー」は『レイヤー化する世界』（NHK出版）で佐々木俊尚氏が提唱した概念です。レイヤーとは、1枚1枚の紙が何枚も重なって層になっていることを言います。たとえば、読書が好きというレイヤーがあります。この1層だけでは個人を特定できませんが、シンガポールに在住している日本人であり、20代男性であり、建築に興味があるという、いくつものレイヤーを積み重ねていくと、他の誰でもない「私」になっていきます。

「グラデーション」は、たとえば家族は強いつながりに分類されます。会社は一緒だけどほとんど話したことのない人とのつながりは弱いつながりとして分類され、人のつながりの強弱をあらわしています。
ひとくちに「つながり」といっても、レイヤーとグラデーションによるさまざまな層と強弱があります。

形成されるコミュニティ

1つのレイヤーを観察してみると、そこでコミュニティが形成されていることがあります。コミュニティとは、あるテーマについて興味、関心のある人が集まっているグループのことです。たとえば、社会人から学生が所属しているフットサル部は、フットサルが好きな人という共通点で集まった1つのコミュニティです。この本では、個人の意志で自由に選べる組織をコミュニティとして扱います。個人は自発的にコミュニティを選ぶため、好きなものや関心があるものでないとコミュニティに所属しつづけません。好きなものをきっかけにして入るコミュニティには、エヴァンジェリストが多く集まっています。

コミュニティとつながり

弱いつながりの強さ

<u>良質なエヴァンジェリスト</u>がいるコミュニティの特徴は下記の3つです。

■「中くらいのつながり」が形成されている

■ お互いに影響しあっている

■ 他の人へのクチコミの力（拡散力）が強い

1つ目の「中くらいのつながり」を説明するために、前提となる<u>弱いつながりの強さ</u>を紹介します。

つながりには、「強いつながり」と「弱いつながり」があることが知られています。「強いつながり」とは家族や親友とのつながりを意味します。毎日のように顔を合わせ、関係性も一緒にいる時間も長く、よいところも悪いところもお互いによく知っています。何でも言い合えるつながりです。

それに対して「弱いつながり」とは表面的なつながりのことです。たとえばビジネスの場で名刺交換をしたことがある、一度会った人とFacebookでつながる、Twitterで相互フォローはしているが、お互いに相手のことを詳しくは知らないというつながりを指します。

一見すると、強いつながりの方が、すべての点において強い結果を生むと捉えられがちです。ただし強いつながりは得てして距離が近すぎるため、すでに多くの情報を共有していて新しい情報の供給が乏しい場合があります。すると、たとえば転職に際しては、遠い属性の弱いつながりの人を介したほうが、新しい情報に触れることができて、成功する確率が高いのです。

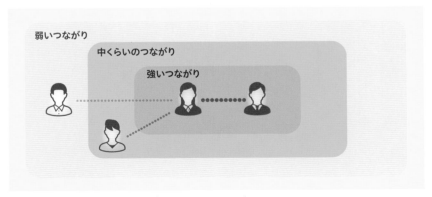

図11-1　強いつながりと弱いつながり、中くらいのつながり

このように弱いつながりも、目的によっては強さを発揮することがわかっています。
それでは、コミュニティの力を最大限に引き出すには、どのようなつながりを形成するのが成果を生み出しやすいのでしょうか。

本書では、強いつながりと弱いつながりの中間、「中くらいのつながり」という概念を提唱します。

「中くらいのつながり」の形成

	強いつながり	中くらいのつながり	弱いつながり
特徴	毎日のように会う	定期的に会う	ほぼ会わない
例	家族、親友	仲間、かつて強いつながりだった人たち	ビジネスで名刺交換をした相手、SNSを通じて知っている人

つながりの種類

「中くらいのつながり」とは

中くらいのつながりは、何かの目的や趣味を通じて集まるグループで、SNSなどのオンラインとリアルのオフライン、両方でつながっている関係性を指します。

例えば2か月に1回程度リアルで会い、SNSなどのオンラインでも情報交換をしているというような関係性です。

大学であれば、ゼミのメンバーで週に1回程度定期的に会って話し合う一方で、SNSでもグループをつくってプロジェクトを進めるような間柄があるでしょう。

小・中・高校生であれば、ただ同じクラスにいるだけでは「弱いつながり」ですが、そこから一歩踏み込んでお互いによく知っていて、学校外でもときどき放課後に一緒に遊んだりするような間柄が「中くらいのつながり」です。ただし親友というほどの密接な距離感ではありません。ほぼ毎日やりとりするような親友は「強いつながり」に分類されます。

お互いに影響しあう

コミュニティにいる人たちが、中くらいのつながりを形成しはじめると、次第に影響し合うようになります。たとえば情報を交換するうちに、お互いの強みを活かしてコラボレーションをはじめるようになるのです。この点については、後述する「サウナ部」で紹介します。

良質なエヴァンジェリストのいるコミュニティは、コミュニティ外へもSNSなどを通してクチコミを拡散する力があります。企業がコミュニティを支援することで、ポジティブなクチコミが増え、それをきっかけに新たなアテンションを生むという構造は、つながりを活用したマーケティングの中でももっとも基本的で取り組みやすい施策でしょう。

エヴァンジェリストを擁するコミュニティに対し、企業がどのような切り口でマーケティングをすると効果的か、具体的な事例を見ながら紹介していきます。

エヴァンジェリストを育み、コミュニティを活かす

企業にとって、エヴァンジェリストを擁するコミュニティが重要である最大の理由は、エヴァンジェリストが企業とともに世界観を共有し、同じ目標に向かっていく、パートナーのような存在だからです。これは第10講でも紹介してきました。

コミュニティと長期的な関係性を構築することで、Life Time Value（LTV）が最大化します。LTVとは消費者の生涯価値のことです。消費者が企業との取引を開始してから終了するまでに、どれほどの利益を企業に対してもたらしたかの総額のことを意味します。

たとえば、企業の商品やサービスが10年の間に1度しか購入されなかった場合と、10年にわたって10度購入された場合には、前者に比べて10倍の売上となります。企業にとっての消費者の価値が後者の場合、10倍となるのです。

LTVを高めるための基本的な方法は、消費者の購入単価を高めるか、頻度を増やすか、期間を長くするかのいずれかです。

なぜなら、LTVは消費者の購入単価×頻度×期間で求められるからです。

たとえば、1,000円のサービスを毎月購入し、10年継続したなら、LTVは12万円となります。単価が2,000円なら、24万円となり2倍となります。しかし、実際には1つの商品の単価を2倍にするのは簡単ではありません。そこで、商品1つだけを買ってもらうのではなく、その他の商品も一緒に購入してもらいやすくすることでLTVを高めていきます。たとえば、シャンプーだけでなくリンス、コンディショナーもセット化して一緒に買ってもらう、化粧水だけでなく乳液も一緒に買ってもらうといったことです。

さらに、LTVを高めるために企業は、「機能的価値」のスペックだけでなく「情緒的価値」に訴えることでエヴァンジェリストを増やし、コミュニティとの関係を築いていきます。すると、消費者は商品やサービスに愛着を感じてくれるようになり、結果的に利用期間も伸びていきます。

企業の視点からすると、1度しか購入してくれない新規顧客を開拓しつづけるのは労力がかかります。それに対して、企業が提示する世界観に共感し、一緒に歩んでくれる消費者に向けて商品を提供する方が、長期的に見て獲得できる利益も多いのです。これは、第10講で紹介した「1:5の法則」にも通じています。

企業のコミュニティ支援：イベント大会を開く

企業視点でエヴァンジェリストを養成して、活かす施策のポイントは、消費者同士で中くらいのつながりが築かれるよう、コミュニティを支援することです。コミュニティを支援する1つの方法として、企業主導でイベントや大会を開催することが挙げられます。

たとえば、ペットの飼い主が集まるコミュニティに注目してみましょう。フェレットという小動物がいます。ペットショップなどで購入したあとは、家の中で飼うことが多い動物です。犬のように日常的な散歩が必要ではないため、飼い主同士は主にSNSなどのオンラインコミュニティでやり取りをしています。しかし、飼い主同士でリアルに集まって交流したいと考える人もたくさんいます。

日本最大級のフェレット専門のペットショップ、「フェレットワールド」では、こうした飼い主たちの要望を叶えるべく、定期的にチューブレース大会を開いています。フェレットがくぐれるサイズの、トンネルのような長いチューブを用いたトーナメント大会です。フェレットワールドは、このイベントによって飼い主同士でコミュニケーションが深まる機会を提供しています。フェレットと飼い主が主役のイベントのため、勝敗に関係なく盛り上がりますし、飼い主同士の交流を楽しみに欠かさず参加するという人も多く存在します。

オンライン上でやり取りをしていた人たちの弱いつながりを、企業主導によって、リアルで集まれる機会を定期的につくることによって、お互いのリアリティが増し、「中くらいのつながり」の人たちが集まるコミュニティへと成長していきます。

コミュニティが成長することで、情報の拡散力も高まり、クチコミが影響力を持つようになるのです。

また、このようなイベントや大会はそれ自体に拡散力があります。Twitterや
Instagramなどの SNS でも、参加者による情報が多くシェアされる傾向が見られま
す。投稿をきっかけに、フェレットに興味を持ち飼いはじめる人や、次のイベントに
参加する飼い主がでてきます。

図11-2　フェレットチューブレース

**ペットにかぎらず、自社の商品やサービスを利用している顧客をコミュニティ
に招待したり、イベントや大会を開くことはできるだろうか。考えてみよう。**

考えてみよう

現在はデジタル技術の発達とSNSの活性化により、オンラインコミュニティが数多く形成されています。オンラインコミュニティは、大きく分けてファンクラブ型、レッスン型、コミュニティ型の3タイプがあります。それぞれの特徴は図のとおりです。

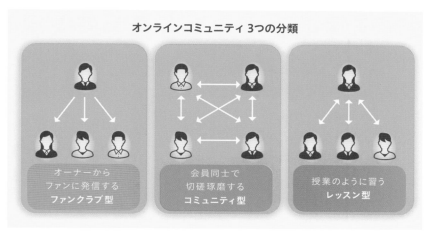

図11-3　オンラインサロンの分類

オンラインコミュニティを介して、企業のマーケティングを活性化することができます。

たとえば、企業が提供している製品やサービスについて、消費者同士が自由にやりとりできる掲示板のような場を提供することがあります。すると、消費者はその製品やサービスについて、自分が持っている知識を惜しみなく他者に提供し、また逆に疑問が生じた際には、他の消費者に助けを求めます。サービスの消費者同士で疑問やノウハウを共有しているうちに、消費者にはコミュニティに属しているという帰属意識が生まれ、そのサービスについてより強い愛着を持つようになります。
オンラインコミュニティでのやり取りが活性化することで、その情報を見ているユーザーのサービスへの理解度が深まり、また上記の通り、サービスへの帰属意識を持たせることができます。これは、企業にとって「単純接触効果」による売上の拡大も意味します。単純接触効果とは、繰り返し対象に接することで、対象への好感度や印象が高まる効果のことを言います（単純接触効果は、ザイアンスの法則とも呼ばれます。アメリカの心理学者ロバート・ザイアンスの1968年に発表の論文により知られるようになりました）。顧客がオンラインコミュニティで、製品やサービスについて何度も情報に触れる（単純接触効果）ことにより、好感度が高まり、その後の購入に際しての第

一想起も強化されて、結果的に、企業の売上が増えるのです。

さらに企業は、コミュニティに集まるユーザーのデータや、発信された情報を活用することで、サービスの持つ課題点やユーザーの求めるものをより深く分析することができます。

—

企業のマーケティングの視点からは、「ファンクラブ型」でも「コミュニティ型」でも「レッスン型」でも効果を出すことが可能です。ただし「ファンクラブ型」と「レッスン型」は、企業側がリードしてコミュニティを能動的に運営していく必要があります。一方で「コミュニティ型」の場合は、消費者でもある会員が自発的に運営していくことが多いため、企業は消費者と対等な関係を築いて、そのコミュニティが活性化するような情報を提供していくことに注力することが必要です。たとえば、先述したフェレットのチューブレース大会の開催などもこれに当たります。

ここまで見てきたように、コミュニティの持つ力は強力です。

企業は、コミュニティをうまく活用することで、商品と消費者の結びつきをより強固にし、消費者をエヴァンジェリストに育てていくことができます。そして、「中くらいのつながり」をもつ消費者同士によってコミュニティが活性化し、SNSなどを介して写真や動画などの情報がコミュニティの外に拡散されることによって、新たなユーザーをコミュニティに引き入れるきっかけとなります。商品やサービスを自然と広めてくれる役割を果たしてくれるのです。

—

消費者が自発的に活動を起こして生まれたコミュニティが、最終的に企業のマーケティングに着地した「サウナ部アライアンス」の事例を紹介します。

企業のマーケティング視点から運営がスタートし、発展してきたコミュニティもあれば、消費者による自発的・内発的な活動を起点として生まれたコミュニティもあります。

自発的コミュニティ「サウナ部」と企業間のアライアンス

サウナ部アライアンスは、サウナ愛好者が集うグループです。サウナを通じてビジネスを活性化すべく活動しています。元は小さなコミュニティからはじまったものが、企業間のアライアンスへと発展していきました。

図11-4　サウナ部アライアンスWebサイト
https://sauna-bu-alliance.themedia.jp/

サウナ部は、もともとコクヨ社員の川田直樹さんが社内コミュニケーションの一環として立ち上げたものです。サウナでさっぱりして身も心も「ととのう」ことで、部署の垣根を超えて企業内の風通しがよくなり、仕事が円滑に進みます。企業側も働き方改革の中で、社員の心身のコンディショニングがよくなることに前向きだったため、クチコミや社内掲示板などを通して、サウナ部の部員数は順調に増えていきました。

こういった情報がWeb媒体などで取り上げられた結果、JALサウナ部の立ち上げメンバーから声がかかりました。その後もさまざまな企業でサウナ部が立ち上がり、その連携がサウナ部アライアンスへと発展したのです。
サウナは一見、ビジネスとは何の関わりももたないように思えます。しかしこの活動をきっかけに、さまざまなビジネスが生まれていきました。
サウナ部アライアンスの活動がきっかけとなり、JALではサウナ×旅という切り口で「サ旅」というサービスを展開しています。サウナ施設は日本に約4,000施設ほどあると言われており、「サ旅」は、日本全国の特徴のあるサウナをピックアップし、ディスティネーションとしてのサウナを紹介しています。

図11-5　JAL「サ旅」Webサイト
https://www.jal.co.jp/domtour/jaldp/satabi/index.html?_ga=2.130479759.1412288069.1616388511-1460274829.1615430291

「サ旅」には、いつもの行きつけのサウナ施設だけでなく、日本全国のサウナに訪れたいと思った時に、自由に航空券とサウナ付き宿泊施設などを組み合わせたオリジナルのサウナツアーが購入できます。「サ旅」という、これまでにない新しい切り口でサウナを紹介し、顧客を呼び込むことに成功した事例です。「サ旅」は、サウナ部アライアンスの活動なしには生まれなかったでしょう。コミュニティが、思わぬ形でビジネスアイデアを生んだ好例と言えます。

サウナ部アライアンスには、幅広い業種・業態の企業に所属する、若手から中堅社員が集まっています。その最初の共通点はサウナが好きという一点のみ。この共通点を通じて、さまざまな企業に勤めるビジネスマンをつなぎ、サウナを切り口にした新しい取り組みが行われています。
異なる会社や組織に属していても、ある共通点を持つ人たちが集まることで、そこで得た知見を所属する企業で活かせないかと考えたり、社内で働きかけたりしてプロジェクトになることがあります。また、始めはサウナという切り口で集まっただけの仲でも、お互いを知ることでサウナに限らず、企業同士の提携となり、成果を出

すこともできるのです。エヴァンジェリストによる有志で始まったコミュニティが、企業のマーケティング活動に結実した事例といえます。

第11講では、企業とコミュニティの「つながり」について学んできました。
自分の興味・関心に応じて何かしらのコミュニティに入ってみると、趣味や趣向の合う人達と切磋琢磨できるまたとない機会となることも多いものです。自分1人では気付かなかったことに気付きを得るきっかけとなったり、メンバーとのコラボレーションから新たなサービスが立ち上がったりするなど、人のつながりの強さを感じることができるでしょう。
自分が所属しているコミュニティの特徴や、人とのつながりから得られた情報などを書きだしてみると、企業としてつながりを活用したマーケティングをする際のヒントになるかもしれません。

考えてみよう

あなたが資格試験に挑戦するとき、同じ目標を持つ仲間を見つけるためにどんな手段を考えますか。

解答例　資格試験やダイエットなど、明確な目標を数か月程度の期間で達成したい場合に最適な「みんチャレ」（https://minchalle.com/）というアプリがあります。みんチャレとは、同じ目標を持つ人が5人でチームになり、日々の状況をアップして、テンションを維持しつつ、目標達成を目指すためのアプリです。

何かを続ける時、誰かと一緒の方が張り合いがあるという人は、「みんチャレ」による環境の力を活かすのもよいでしょう。気軽に「中くらいのつながり」をつくれるアプリです。

学生

私はゼミに所属していますが、ゼミの仲間はまさに「中くらいのつながり」ですよね。

そうだね。ゼミの仲間というのは、ある時は毎日のように密接に関わるけれど、卒業してしまうと年に1回会うか会わないか……なんて話はよく聞く。頻繁には会わなくなってしまったけど、お互いをよく知っていて、再会すればすぐにその時の仲に戻れる関係性は「中くらいのつながり」と言えるね。

先生

学生

ゼミで困った問題がありまして……。

何？

先生

学生

ゼミのグループ研究が進んでいくにしたがって、意見を言い合っているうちにたまに言い争いになることがあるんです。

真剣に取り組んでいる証拠だと思って、過度に恐れないことが重要だよ。ただ、注意点としては、相手の人格を批判するのではなく、相手の言っている内容について疑問があるということを明確に伝えること。

先生

学生

内容について否定されただけなのに、実際に反論されると、人格を否定されたような気持ちになってしまいます。学生だからか、仲直りするのも早いですが。

社会人になると、家族でもない限り、本音で話すなんてことは少なくなる。逆に誰かと言い争えるほど本音で話せるなんて、ある意味でうらやましいよ。

先生

学生

え、そうなんですか？

「ゼミは一生の宝」と言うけれど、当時、喧々諤々やった仲間だからこそ、卒業して何年経っても関係性は変わらない。今でもゼミの仲間とはすぐに打ち解けられるよ。

先生

学生

それを聞いて安心しました。今のうちに言い争っておこうと思います（笑）。

ほどほどにね。

先生

読んでみよう

『デジタル・ディスラプション』ジェイムズ・マキヴェイ 著 プレシ南日子 訳　実業之日本社

『広く弱くつながって生きる』佐々木俊尚 著　幻冬舎文庫

『The Third Network』押切孝雄 著　技術評論社

復習クイズ

Q1 「つながり」の欲求とは、相互に安全をもたらす、ほかの人々とのつながりを求める（　　　）欲求のことです。

Q2 コミュニティとは、あるテーマについて興味（　）のある人が集まっているグループのことです。

Q3 中くらいのつながりとは、家族のような（　　）つながりと、SNSや名刺交換で薄くつながっている弱いつながりのちょうど中間のつながりです。

A1.　意識的

A2.　関心

A3.　強い

第12講が最後の講義です。消費者の行動心理モデル「AISARE」についておさらいをしたあとは、今後のマーケティングを変えていく要素として、消費者が求めるものの変化と、技術の進化によるマーケティングの未来について紹介します。本書を読んだあとは、マーケティングについて理解したというだけでなく、これからのマーケティングがどのような要素で変わっていくのか、自分で予測を立てていくことができるようになります。

Society5.0

情緒的価値

第12講

DX

マーケティングの未来

マーケティング
フレームワーク
AISARE

A	Attention
I	Interest
S	Search
A	Action
R	Repeat
E	Evangelist

SDGs

本講の要点

- 消費者の行動心理モデル「AISARE」のまとめ
- 消費者が求めるものの変化に対応する力
- 技術の進歩によるマーケティングの未来

AISAREのまとめ

これまでのまとめとして、ワイヤレスイヤホンを例にAISAREの流れを再掲します。

A	Attention（注目）	Webサイトを見ていたらワイヤレスイヤホンの広告が出てきた
I	Interest（興味・関心）	イヤホンにコードが付いてないだけで、そんなに便利なものかな?
S	Search（検索）	コードが絡まないだけでなく、防滴機能もついていて、ジョギングなどの軽い運動をしていても壊れる心配が少ないのか
A	Action（行動・購入）	買ってみた、これは便利だ!
R	Repeat（リピート購入）	（2年後）新しいバージョンは、ノイズキャンセリング機能もついて、バッテリーの持ちもよく、ますます便利になっている
E	Evangelist（エヴァンジェリスト）	ノイズキャンセリング付きのワイヤレスイヤホンは、音に包まれている感じで、その心地良さについてついつい話のついでに友人に話してしまう

書いてみよう

AISAREのフレームワークを体得しよう。あなたの会社で扱っている商品やサービスをテーマにして、消費者とのはじめの接点であるアテンションから、エヴァンジェリストになるまでの流れを書いてみましょう。

商品名	
A	
I	
S	
A	
R	
E	

アテンション

アテンションは、人が商品やサービスと初めて出会う接点のことです。第3講では、朝起きてから学校や職場に通学・通勤する間にも多くの情報に出会っていること、ただし、脳がそれを意識しないと情報は認識されずにこぼれ落ちてしまうということを見てきました。また、テレビ、新聞、雑誌、ラジオのマス4媒体の広告をおさえて、Web広告が伸びつづけていることを学びました。

インタレスト

インタレストでは、企業の立場として世界観をいかに見せていくかが重要だというお話をしました。商品やサービスのスペックをあらわす「機能的価値」だけでなく、「情緒的価値」、さらに現代では「サステナビリティ」という要素も、消費者の共感を得る要素として重要度が増しています。

サーチ

サーチでは、検索エンジンに上位に表示されるための仕組み（SEO対策）について基本を確認してきました。GoogleはAIの技術を進化させており、文字情報だけでなく、あらゆる写真や動画の情報について自動的に判断し、その精度を高めつつあります。そのため、企業がマーケティングするときに、Webページ内の文章の長さや内容だけでなく、写真や画像に写っているものや大きさなどにも留意する必要があります。

さらに消費者の検索は、Googleだけでなく、InstagramやTwitterといったSNSにも及んでいます。Instagram検索に最適化することでマーケティングがうまく行われている事例についても確認しました。

アクション

アクションでは、UX、UI、DX、D2Cをテーマに、人が思わず利用したくなる仕組みについて見てきました。画面操作で、どこに何があるか直感的にわかるUIに加え、顧客体験の心地よさをあらわすUXについてメルカリを事例にして紹介しました。LOHACOの事例は、チャットボットを導入することで、企業のコールセンターの負担が軽減されるだけでなく、消費者側も時間を気にせずに疑問を解消できる好例です。D2Cにより、企業規模に関わらず、顧客に直接的に世界観を提示して、商品やサービスを提供している事例も取り上げました。

リピート

リピートでは、シェアリングエコノミーとサブスクリプションを通じて、2度、3度と継続して利用したくなるサービスの特性について見てきました。とくに、サブスクリプションは半自動的にリピートとなる仕組みを有しています。近年はサブスクリプションサービスが増えていますが、その成否は、消費者が使い続けたくなるサービスをいかにして提供するかということです。チャーンレートが鍵となる点についても指摘しました。

エヴァンジェリスト

エヴァンジェリストは、商品やサービスについて思わず他の人に口コミしたくなる人と定義した上で、消費者だけでなく、ブランドの創業者や社員・スタッフら「中の人」もエヴァンジェリストたりうるという点まで掘り下げました。さらに、エヴァンジェリストはAISAREの終点ではありますが、同時にエヴァンジェリストの口コミが他の人の新たなアテンションを誘発することも見てきました。

マーケティングにAISAREが重要な点

企業としての世界観とストーリーを消費者に提示し、共に目標を目指していく方向性で事業をすすめていくと、サービスを利用して共感した一部の消費者が、エヴァンジェリストとして育っていきます。企業がエヴァンジェリストとともにマーケティングを続けていくことで口コミが広がり、さらに商品やサービスが売れ続けるようになります。この「売れ続ける」という状態がブランディングです。売れ続けることで企業はブランドとして消費者に認知されるようになります。

つまり、マーケティングとは自然と売れる仕組みのことを意味しますが、ブランディングとは自然と売れ続ける仕組みのことを意味するのです。企業にとってAISAREの視点をもってマーケティング活動をしていくことが、ブランディングの観点からも重要だということがわかるでしょう。

—

これからの世界を生き抜くなかで、あなた自身が企業視点でマーケティングするために必要なポイントを紹介していきます。

まず、短中期的に変わらないものとして、先ほどまとめたAISAREのフレームワークがあります。AISAREの流れは、人の行動心理を表したものです。そのため、マーケティングが人を対象としているかぎり、大きく変わりようがない普遍的な要素です。企業マーケティングを組み立てるときは、まずAISAREにあてはめて考えてみましょう。その便利さを実感できます。

それに対して、時代によって変わる要素があります。それは消費者が求めるものとテクノロジーの進展です。企業のマーケターとしては、この2点に常に気を配り、先読みして準備する必要があります。

時代によって変わる要素

1. 消費者が求めるもの
2. テクノロジー

本書の最後の講義として、この2つを掘り下げて解説します。

消費者が求めるものの変化

変化していくものの1つ目は、消費者が求めるものです。

第1講で見てきたように、コトラーの提唱するマーケティングには、マーケティング1.0からマーケティング4.0という段階を経た変化がありました。マーケティング4.0は、人間中心のマーケティングで、企業は消費者の自己実現を助ける存在であるというものです。

―

マーケティング4.0により、消費者の自己実現が満たされるようになった先で、消費者が何を求めていくかについては、さまざまな議論があってしかるべきです。しかし、大きな流れとしてSDGs、サステナビリティに代表される、「環境と社会を保全する」という考えが消費者のなかに浸透しつつあることは無視できません。

これをマーケティングに活用している事例を紹介します。

これから先の社会、特に2030年あたりまでを見通した時、「環境保全」の視点を持っておくと、企業のマーケティング活動にとって先回りして見えてくるものがあります。

環境の保全を解決するアイデアの1つに、サーキュラー・エコノミーという言葉があります。サーキュラー・エコノミーとは、廃棄を出さない資源循環型経済のことです。資源を効率的に利用しながら再生産を行います。これにより、限りある資源を持続可能な形で循環させることが可能になるというものです。

マスクを事例にすると、不織布マスクは衛生上、1度利用されたあとは、捨てられることを前提に生産されています。消費された資源をリサイクル・再利用することなく直線的に廃棄します。これは、直線的（Linear)にモノが流れる経済（Economy）ということでリニア・エコノミーとも呼ばれます。こうしたものに全世界的に需要が高まると、捨てられる量も膨大になります。

それに対し、繰り返し利用することを前提に洗える素材で作られたマスクは、何度も利用することができます。もちろん何度も利用して使えなくなったあとの製品は、捨ててしまえばゴミになりますが、たとえばユニクロには「全商品リサイクル活動」という仕組みがあります。ユニクロの店舗に持っていくと、回収されてリサイクル可能になるものです。これが、使い捨てではなく資源が循環していく、サーキュラー・エコノミーです。

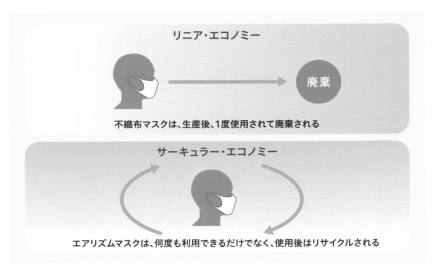

図12-1　サーキュラー・エコノミーによって資源が再利用される

図12-2　UNIQLOのリサイクル活動「RE.UNIQLO」Webサイト

MEMO

Webサイトにアクセスして、ユニクロの全商品リサイクル活動を調べてみよう。

https://www.uniqlo.com/re-uniqlo/

世界的なSDGsのキャンペーンもあり、消費者の関心は徐々に環境や社会の改善へと向かっています。企業としても、それを改善するための対応を求められつつあります。サーキュラー・エコノミーの考え方を先取りして、取り組んでいる企業があります。たとえば、これまで捨てられていた廃棄物を資源として活用するだけでなく、製造過程でも廃棄物を一切ださない企業です。

具体的には、無農薬米や廃棄物のりんごの搾りかすなどを原料にして、エタノールを作っています。そして、そのエタノールを除菌シートや化粧品原料にして販売するというビジネスモデルです。エタノールを作る際に出る粕も廃棄せずに、化粧品の原料や家畜の飼料として活用しています。第1講や第2講で紹介したSDGsの考え方ともサステナビリティの考え方とも合致しています。成熟した社会では、このような商品を好む消費者が増えており、サーキュラー・エコノミーが企業の成長戦略になっているということを示しています。

また、別のベンチャー企業では、イエバエを活用して、有機肥料と飼料を同時に生み出すことにチャレンジしています。一般的に行われている微生物による畜産廃棄物の堆肥づくりには2、3か月かかると言われていますが、動物の排泄物といった畜産系の廃棄物に、最適に交配されたイエバエの幼虫を放つと、1週間で販売可能なレベルの肥料を生産できます。さらにイエバエの幼虫をボイルして飼料を作り、養殖魚の餌に混ぜるなどして利用されます。

このように、廃棄物が肥料と飼料に生まれ変わり循環していきます。廃棄物を活かし、再度循環させる方法として鮮やかです。

企業として、SDGsの提示する命題にどう向き合っていくかということは、今後の企業マーケティングを考える上で外せない視点です。

マーケターが着目すべき2つ目の視点は、技術の進歩とマーケティングの関係です。

技術の進化によるマーケティングの未来

マーケティングの未来

次に、技術の進化によるマーケティングの未来について考えていきましょう。社会に技術がどのように浸透していくかを知りたいとき、米調査会社のガートナー（https://www.gartner.co.jp/ja）が発表しているハイプ・サイクルが役に立つと考えます。

ハイプ・サイクル

ハイプ・サイクルについて、ガートナーは以下のように説明しています。

—

新たに登場したテクノロジに過剰な期待が寄せられている状況の中で、それがハイプなのか実用化が可能なものなのかをどうすれば見分けられるのでしょうか。また、投資を回収できるとしたら、それはいつになるのでしょうか。ガートナーのハイプ・サイクルは、テクノロジとアプリケーションの成熟度と採用状況、およびテクノロジとアプリケーションが実際のビジネス課題の解決や新たな機会の開拓にどの程度関連する可能性があるかを図示したものです。ガートナーのハイプ・サイクルのメ

Мемо

P240 6行目からP241の表「ハイプ・サイクル　5つのフェーズ」まで、ガートナーWebサイト「ハイプ・サイクル」（https://www.gartner.co.jp/ja/research/metho dologies/gartner-hype-cycle）のページより引用

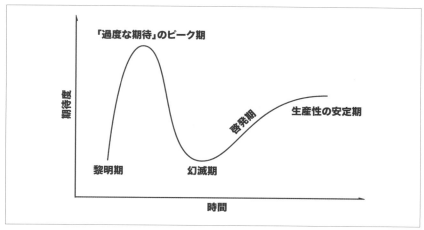

図12-3 「Gartner リサーチ・メソドロジ　ハイプ・サイクル」
https://www.gartner.co.jp/ja/research/methodologies/gartner-hype-cycle

ソドロジは、テクノロジやアプリケーションが時間の経過とともにどのように進化するかを視覚的に説明することで、特定のビジネス目標に沿って採用判断のために必要な最適な知見を提供します。

ハイプ・サイクルの仕組み

各ハイプ・サイクルは、テクノロジ・ライフサイクルの5つの重要なフェーズを深く掘り下げます。

ハイプ・サイクル　5つのフェーズ	
黎明期	潜在的技術革新によって幕が開きます。初期の概念実証（POC）にまつわる話やメディア報道によって、大きな注目が集まります。多くの場合、使用可能な製品は存在せず、実用化の可能性は証明されていません。
「過度な期待」のピーク期	初期の宣伝では、数多くのサクセスストーリーが紹介されますが、失敗を伴うものも少なくありません。行動を起こす企業もありますが、多くはありません。
幻滅期	実験や実装で成果が出ないため、関心は薄れます。テクノロジの創造者らは再編されるか失敗します。生き残ったプロバイダーが早期採用者の満足のいくように自社製品を改善した場合に限り、投資は継続します。
啓発期	テクノロジが企業にどのようなメリットをもたらすのかを示す具体的な事例が増え始め、理解が広まります。第2世代と第3世代の製品が、テクノロジ・プロバイダーから登場します。パイロットに資金提供する企業が増えます。ただし、保守的な企業は慎重なままです。
生産性の安定期	主流採用が始まります。プロバイダーの実行存続性を評価する基準がより明確に定義されます。テクノロジの適用可能な範囲と関連性が広がり、投資は確実に回収されつつあります。

表は「Gartner リサーチ・メソドロジ」を基にマイナビ出版にて作成
出典：ガートナーリサーチ・メソドロジ　ハイプ・サイクル
　　　https://www.gartner.co.jp/ja/research/methodologies/gartner-hype-cycle

―

ガートナーが2020年9月10日に発表したプレスリリース（※1）の中で「日本における未来志向型インフラ・テクノロジのハイプ・サイクル：2020年」リサーチについて言及しました。そのなかで、黎明期に位置づけられている技術の1つに「デジタル・ツイン」というものがあります。デジタル・ツインとは、文字通り「デジタルの双子」と言えるもので、物理的に存在するモノのデジタルレプリカのことを意味します。

IoTやAIなどのデジタル技術を使い、デジタル空間に物理空間の環境を再現します。そして、リアルデータを元にデジタル空間上でモニタリングして、シミュレーションを行うことで、未来を予測するという技術です。このシミュレーションにより事故を未然に防ぐといったことをこれまでより高い精度でできるようになります。

従来のシミュレーションと何が違うか

デジタル・ツインと従来のシミュレーションの違いは、その精度の高さです。はじめに想定したシナリオを基にシミュレーションする従来のやり方に対して、デジタル・ツインは、リアルタイムで現実に起こっていることを逐次反映しており、刻々と変化していく現実を捉えてシミュレーションしています。

これまでのシミュレーションでは、今起きている現実の事象と完全にリンクしているわけではないため、想定を外れた事態が起こった場合、変化に対して即時に対応するのが難しい局面がありました。一方でデジタル・ツインは、「現在」の状況をセンサーで情報収集しているため、リアルタイムに現状を把握でき、一般的な想定シミュレーションよりも事実に即したリアルなシミュレーションを行えます。

| デジタル・ツインで環境汚染を予防する

たとえば、重油を運ぶタンカーのような船は、安全運行が最重要課題です。事故で座礁するなどして重油が海に流出すると、海洋が汚染され、環境に大きな影響が出てしまうばかりでなく、企業の評価も低下する重大なリスクとなります。

そこでデジタル・ツインの技術を用います。船に無数のセンサーを取り付けて、リアルタイムに情報を集め、それをデジタル空間で再現します。すると、船体の状況をモニタリングでき、周辺の波の状況と合わせて、故障の兆候にも気付きやすくなるのです。

さらに、気象予報のデータを組み合わせます。すると、サイクロンや台風などが迫っている時、影響を最小限にするための航路をどうするか、台風を避けて航行する

※1
出典： Gartner, プレスリリース, "ガートナー、「日本における未来志向型インフラ・テクノロジのハイプ・サイクル：2020年」を発表" 2020年9月10日

https://www.gartner.
co.jp/ja/newsroom/press-
releases/pr-20200910
ガートナーは、ガートナー・リサーチの発行物に掲載された特定のベンダー、製品またはサービスを推奨するものではありません。また、最高のレーティング又はその他の評価を得たベンダーのみを選択するようにテクノロジーユーザーに助言するものではありません。ガートナー・リサーチの発行物は、ガートナー・リサーチの見解を表したものであり、事実を表現したものではありません。ガートナーは、明示または黙示を問わず、本リサーチの商品性や特定目的への適合性を含め、一切の責任を負うものではありません。

ルートはどれか、といったシミュレーションをデジタル空間上で行うことができます。そのシミュレーション結果を現実の船にフィードバックすることができ、デジタル・ツインにより、事故を未然に防ぐ対策をとれるようになります。

船を運用する企業にとって、船舶をデジタル・ツイン化することで、リアルタイムに実際の船舶の状況をモニタリングできます。事故や故障を未然に防ぐことができれば、結果的にはそれだけ稼働が増えるということです。効率的に売上を増やせることになります。一見、マーケティングと関係がないように見える技術も、まさに「売れる仕組みづくり」として関係してくることがわかります。

タンカーを事例にデジタル・ツインについて見てきました。シンガポールでは、国全体をデジタル・ツイン化する研究もあります。
ハイプ・サイクルは未来技術がどのタイミングで社会に浸透するかを知りたいとき、おおよその目安となります。気になった技術を調べるようにしてみてください。

図12-4　日本船舶技術研究協会によるデジタル・ツインの紹介動画
https://www.youtube.com/watch?v=Z7Jhtkxl0AY

調べてみよう

シンガポールの「バーチャルシンガポール」

https://www.youtube.com/watch?v=y8cXBSI6o44&t

都市空間に広がるビルや道路、車、雨や風などのデータを、IoT機器を通してデジタル・ツイン化することで、大雨が降った時の渋滞緩和について高精度で仮想シミュレーションできるようになります。

このシミュレーションができることで、あらゆる都市災害が起こった場合にも被害を最小限に食い止めるべく役立てることができます。

さいごに

本書を通してデジタルマーケティングについて学んできました。

この講で見てきたように、テクノロジーの進展によって、企業の競合環境が変化することがあります。第5講のデジタル・ディスラプションでも見てきたとおりです。それだけに、マーケティングを担う者として、テクノロジーの動向には常に気を配っていく必要があります。

AISAREをブレない基本の軸として、消費者が今後、関心を持つであろうテーマ（たとえば環境問題など）とテクノロジーを見ていくと、企業マーケティングが向かうべき方向性がわかり、適切な施策を打つことができるようになります。

 考えてみよう

なにかを学習したときに記憶を定着させるための手法として、人に話したり、要点を書いたりしてアウトプットすることが有効と言われています。
本書を最後まで読んできたあなたにとって印象に残ったエピソードや情報はなんだったでしょうか。もっとも印象に残ったことを書き出してみましょう。
箇条書きでもかまいません。

復習クイズ

Q1 マーケティングとは自然と売れる仕組みですが、ブランディングとは、自然と売れ（　　　）仕組みです。

Q2 デジタル・ツインとは、「デジタルの双子」と言えるもので、物理的に存在するモノのデジタル（　　　）のことです。

Q3 サーキュラー・エコノミーとは、廃棄を出さない資源（　　　）経済のことです。

A1.　続ける

A2.　レプリカ

A3.　循環型

ちょっと深掘り

学生1

今回でマーケティングの講義が終わりました。

最後までよくついてきたね。振り返って、気付きを得た項目はあったかな？

先生

学生1

AISAREをベースに講義が進むなかで、D2Cやサブスクリプション、Web広告などいろんな情報が盛りだくさんでしたが、個人的には今回の「ハイプ・サイクル」を見ることで、これからの技術を理解して、それをマーケティングに活かすという視点が気になりました。

そうだね。「ハイプ・サイクル」は、これから世の中に広まっていきそうな技術なのか、すでに人々の間に浸透しつつある技術なのかといったことを知る目安になる。黎明期の技術なら、数年かけて準備して企業のマーケティング活動に活かすということもできるね。

先生

学生2

私はさまざまな事例を見ることで、マーケティングの流れをおさえることができたと思います。将来、企業でマーケティングを担当するときには、ここで学んだ内容を活かしてみたいと思います。

先生

ここまでよく学んできたと思います。これからマーケティングを実装していく中で、成果があがったら、ぜひ知らせて下さいね。

学生1　学生2

ありがとうございました。

読んでみよう

『サーキュラー・エコノミー』中石和良 著　ポプラ社

あとがき

この本は、デジタルマーケティングの入門者向けの本です。大学のデジタルマーケティング系の講義の教科書としても複数の大学で採用されていますが、興味関心のある人なら、社会人はもちろん、大学生、そして中高生までが理解できる内容となっています。

そして、一読して本に書いてあることだけができるようになるのではなく、本に書いてあるフレームワークとこれからの時流を見つめていくことで、あなた自身でマーケティングができる未来志向の本です。それは、最終第12講にもあるとおり、AISAREのフレームワークを軸として、消費者の関心の変化と、テクノロジーを組み合わせていくことで導き出せます。

「はじめに」でも触れたとおり、実際に大学で講義を受けた学生で、大学の学費以上の売上をあげる者もいます。これは講義を聞いて納得するだけでなく、自分の頭で考えて実践してはじめて達成できるものです。

筆者は、大学で教えるだけでなく、企業と一緒に売れる仕組みを作る（マーケティングを推進する）立場でもあります。この時にいかにしてその企業のエヴァンジェリストが増えるかということを、企業と共に考えて実践しています。

ただ、成功パターンができても、マーケティングの数々の施策は、ほどなく陳腐化するものです。このときに、時流は変わっても、「AISARE」のフレームワークにあてはめていけば、エヴァンジェリストが増えて、事業がうまくいくと、あるときから確信するようになりました。

「AISARE」というフレームワークがはじめて登場したのが2008年の拙著『Googleマーケティング！』(技術評論社) です。すでに10年以上がたちました。この間に、他のマーケティング本や、学術論文でもAISAREのフレームワークが引用されることが増えてきました。

「AISARE」について、まとまった本を書かなければならないと思いつつ、この機

会に、はじめから最後までとおした本が書けましたこと、大変うれしく思います。

今回の本でも、2008年にはじめて「AISARE」の概念を提起したのと同じように、チャレンジした概念がでてきます。

それは、「中くらいのつながり」という言葉で、本文でも出てきましたとおり、「弱いつながり」も「強いつながり」も有効ですが、個人が中長期的に成果を生むつながりとして「中くらいのつながり」にフォーカスをあてています。出版された本としてはじめて提示した言葉ですが、個人的には、これまで主宰してきた勉強会の成果からも確信をもっている概念です。これからさらに、10年程度の時間をかけて深堀りし、検証するテーマでもあります。共感いただける方は、ぜひ一緒に研究しましょう。

本書を完成させるにあたり多くの人の協力を得ました。多数の企業へ取材を行いました。成功された企業の実例として紹介できますことを感謝いたします。

大学でのリアル講義は学生からの良質なフィードバックにあふれています。毎年200名以上の大学生が履修しており、毎回真剣なやり取りを通して、デジタルマーケティング講義は年々進化をしています。

また、前作から引き続き小原聖健さんには、はじめの原稿を書いた段階でレビューをお願いしました。気になる点を指摘してもらいました。

マイナビ出版からは2014年の『Webマーケティング集中講義』、2017年の『デジタルマーケティング集中講義』に続き、今回で3作目となります。この間に1作目から担当して下さっている編集者の角竹輝紀さんは同社の役員になり、今回新たに編集者の古田由香里さんと共に2人体制で編集くださいました。

最後に、いつも支えになってくれている家族に感謝します。

2021年2月
株式会社カティサーク代表取締役　押切孝雄
www.cuttysark.co.jp

INDEX

参考文献

- **コトラーのマーケティング3.0**
  フィリップ・コトラー（著），ヘルマワン・カルタジャヤ（著），
  イワン・セティアワン（著），恩藏 直人（監訳），藤井 清美（翻訳）
  朝日新聞出版

- **コトラーのマーケティング4.0**
  フィリップ・コトラー（著），ヘルマワン・カルタジャヤ（著），
  イワン・セティアワン（著），恩藏 直人（監訳），藤井 清美（翻訳）
  朝日新聞出版

- **お客様の心をつかむ心理ロイヤルマーケティング**
  渡部弘毅（著），諏訪良武（監修）
  翔泳社

- **ネットビジネス進化論**
  尾原和啓（著）
  NHK出版

- **世界観をつくる「感性×知性」の仕事術**
  山口周（著），水野学（著）
  朝日新聞出版

- **アテンション**
  ベン・パー（著），小林弘人（日本語版解説），依田卓巳，依田光江，
  茂木靖枝（翻訳）
  飛鳥新社

- **〈インターネット〉の次に来るもの
  未来を決める12の法則**
  ケヴィン・ケリー（著），服部桂（翻訳）
  NHK出版

- **イラスト＆図解でわかるDX
  （デジタルトランスフォーメーション）**
  兼安暁（著）
  彩流社

- **D2C「世界観」と「テクノロジー」で勝つ
  ブランド戦略**
  佐々木康裕（著）
  NewsPicksパブリッシング

- **アフターデジタル2 UXと自由**
  藤井保文（著）
  日経BP

- **ニュータイプの時代**
  山口周（著）
  ダイヤモンド社

- **評価経済社会**
  岡田斗司夫（著）
  ダイヤモンド社

- **サブスクリプション**
  ティエン・ツォ（著），ゲイブ・ワイザート（著），
  桑野純一郎（監修、監訳），御立英史（翻訳）
  ダイヤモンド社

- **ファンベース**
  佐藤尚之（著）
  筑摩書房

- **広く弱くつながって生きる**
  佐々木俊尚（著）
  幻冬舎文庫

- **The Third Network**
  押切孝雄（著）
  技術評論社

- **サーキュラー・エコノミー**
  中石和良（著）
  ポプラ社

- **デジタルマーケティング集中講義**
  押切孝雄（著）
  マイナビ出版

著者紹介

押切孝雄 おしきりたかお

**デジタルマーケティング・コンサルタント
＆大学教員**

1975年山形県生まれ。大手ディベロッパーを経て、英国の大学院にて修士号を取得。2004年カティサークを設立し、以来15年以上にわたり、Webサイト制作運営、デジタルマーケティング・コンサルティング事業を行う。

クライアント企業とともに「売れる仕組みづくり」を構築することで、ホームページの問い合わせからの売上だけで、短期間に数億円アップさせる企業が続出するなど、特にBtoB企業のコンサルティングに実績がある。会社のミッションは、Webの効果的な活用法を世界中に広めること。

理論と実践を重視し、実際の企業のマーケティングで効果が実証されたことは、著書で理論化し、さらに大学で講師（デジタルマーケティングおよびICT分野）をするなど、若い世代への指導にもあたっている。

デジタルマーケティングのエヴァンジェリストとして、ITの効果的な活用方法をセミナーや講演にて伝えることに定評がある。

株式会社カティサーク 代表取締役
戸板女子短期大学 専任講師、文京学院大学 非常勤講師

著書『デジタルマーケティング集中講義』（マイナビ出版）、『グーグル・マーケティング！』（技術評論社）、『YouTubeビジネス革命』（毎日新聞社）他多数

STAFF

イラスト：大野 文彰（大野デザイン事務所）
ブックデザイン：岩本 美奈子
DTP：大西 恭子

担当：角竹 輝紀
　　　古田 由香里

これからを考える
デジタルマーケティングの教室
2021年4月26日　初版第1刷発行

　　　著者　押切 孝雄
　　発行者　滝口 直樹
　　発行所　株式会社マイナビ出版
　　　　　　〒101-0003　東京都千代田区一ツ橋2-6-3 一ツ橋ビル 2F
　　　　　　☎0480-38-6872（注文専用ダイヤル）
　　　　　　☎03-3556-2731（販売）
　　　　　　☎03-3556-2736（編集）
　　　　　　編集問い合わせ先：pc-books@mynavi.jp
　　　　　　URL：https://book.mynavi.jp/
　印刷・製本　株式会社ルナテック